立筒仓环境激励测试和振动响应分析

张大英　著

中国农业出版社

北　京

内 容 简 介

　　立筒仓在我国粮食、煤炭、建材、冶金等行业中被广泛应用，然而在地震中立筒仓发生破坏的现象依然严重。因此，根据立筒仓结构设计、工程应用和抗震减灾的需要，本书系统地阐述了进行立筒仓动力参数计算的理论方法和对其进行环境激励测试的设计方案。

　　本书总结了国内外专家学者在结构环境激励实验和模态参数识别方面所做的贡献，针对不同支承方式的立筒单仓和群仓，进行不同荷载工况下的环境激励试验和振动响应分析。详细介绍了改进的数据驱动随机子空间方法利用环境激励试验测得的动力响应数据进行模态参数识别的基本原理和计算过程。利用有限元数值模拟方法对立筒单仓和群仓进行模态分析，总结出单仓和群仓模态各自的特点及差异性，以及贮料对立筒仓模态的影响规律。对柱支承、筒壁支承单仓和群仓模型进行环境激励试验，以获取所需模态振型为目标，重点介绍了单仓和群仓模型的测点布置方案，并进一步地阐述了在役实仓的环境激励试验。系统地阐述了利用频域中的峰值拾取法和本书提出的改进的数据驱动随机子空间方法进行不同支承方式不同贮料工况下立筒仓模态参数识别的具体过程，并对识别得到的频率、振型和阻尼比进行了详细分析。最后以群仓中一个角仓和边仓为例，深入分析了两者各自的振动响应特点。

　　本书可作为土木、农业、水利、力学等领域从事结构测试、动力计算和分析的科研人员，以及高等院校相关专业的高年级本科生和研究生的参考用书。

前　　言

立筒仓结构具有占地面积小，易于机械化、自动化作业，仓容量大，流通费用低，吨储物造价低等优点，在我国粮食、煤炭、建材、冶金等行业中被广泛应用，一直备受人们关注。随着时代的进步和科技的发展，立筒仓的仓型设计、存储容量、计算方法和抗震性能等方面也不断改进和完善。就粮食立筒仓来说，更是直接关系着国际民生的重要工程结构。2020 年以来，随着新冠肺炎疫情在海内外的蔓延，多国政府宣布限制粮食出口，联合国粮农组织也发出警告：疫情在全球蔓延致使劳动力短缺和供应链中断，可能影响一些国家和地区的粮食安全，更加显现了各国在特殊情况下具有丰厚粮食储藏的关键性。随后，各地积极落实中央提出的"稳政策、稳面积、稳产量"要求，采取措施抓实抓细夏粮田间管理，稳定夏粮生产，力争再获丰收。从目前情况看，政策性库存创历史新高，主产区普遍高装满储，要通过加快库存消化、加大腾仓并库力度、增加储粮设施等措施，确保有仓收粮，确保收购顺利进行。由此看来，在全国范围内大力建设粮仓仍然是大势所趋，而且从长远来看，作为国家战略发展储备的立筒仓结构应能够抵御如地震等各种自然灾害，因此，采用合理的计算方法进行立筒仓设计至关重要，尤其是地震作用下的动力计算方法以及立筒仓抗震性能设计方法。除此之外，我国现有大量在役立筒仓结构，为了保证这些立筒仓的安全使用，需要对其做好健康监测，判断损伤出现的部位及损伤程度，从而避免各种灾害事故的发生。

早在 1968 年，印度学者 Jain 等作为筒仓结构抗震性能研究的先驱，对深仓模型进行了动力特性研究，认为筒仓内部贮料在地震作用下的参与质量小于其总质量，即地震作用下筒仓内贮料存在"有效质量"。19世纪80年代初，A Shimamoto、Emest CHamis就对立筒仓单仓模型进行了地震模拟振动台试验，基于试验数据计算得到了单仓模型的自振频率和动力反应，比较深入地研究了地震作用下单仓的动力特性和地震反应问题。

在我国，1994年，施卫星、朱伯龙对1：10的钢筋混凝土筒仓模型进行了非线性地震反应分析，考虑了贮料质量、刚度和阻尼非线性，并发现质量非线性使筒仓基底剪力和弯矩都减小了，但自振频率变化不大，阻尼非线性使地震反应减小了30%。之后马建勋等利用散粒体增量型内时本构关系来描述贮料的运动特性，构建运动方程计算了筒仓的地震反应，并与试验结果进行对比发现，筒仓地震反应的动力系数明显依赖于地面运动加速度的幅值，并提出不同地震烈度应采用不同的有效质量系数，而不应取常值0.8或0.9。进入21世纪以后，对地震作用下考虑散料与仓壁动力相互作用的研究有了新的发展，为了考虑地震作用下散料的减震耗能，马建勋等对有耗能装置和无耗能装置的有机玻璃筒仓模型进行了半仓和满仓工况下的振动台试验研究，验证了耗能装置的良好减震效果，并发现贮料的减震作用随着激励的增强而提高，筒仓结构表现出明显的质量非线性和阻尼非线性。随后数值方面的相关研究也得到了进展，张文斌对地震作用下散料与仓壁相互作用建立了三种有限元模型：全接触、全耦合、上部30%耦合下部70%接触，发现两种材料的接触作用耗散了大量的地震能量，位移反应减小。2014年，张攀、赵阳从有效质量系数和散料与仓壁动力相互作用两方面对钢筒仓抗震性能进行了阐述，基于Silvestri等人提出的理论模型，建立了合理的三维钢筒仓数值模型模拟动力激励下散料与结构的相互作用效应，将散料分为内外两部分，两者之间通过接触面处的节点径向自由度耦合实现协调，通过接触实现仓壁与散料的几何协调，继而进行了钢筒仓自振特性的参数分析，讨论了散料质量、弹性模量以及接触单元、初始接触刚度等因素对自振特性的影响。

伴随对筒仓-散料动力相互作用的研究工作，考虑基础-筒仓-散料动力相互作用的研究工作也逐步发展起来。黄义、尹冠生于2002年、2003年分别对有机玻璃立筒仓模型的静、动力问题进行了试验研究和有限元分析，发现地震时处于弹性地基上的筒仓减震效果明显。也有一些研究集中于筒仓-地基的动力相互作用方面，假定地基为弹性地基，考虑相互作用对筒仓平动自振频率、振型和地震剪力等地震反应的影响。

随着国际局势的变化，考虑到国家战略发展的需要，近年来地下粮仓的研究和应用也在逐步进行中，如：装配式技术和组合结构技术的新型地下粮仓结构设计方案的提出，装配式地下粮仓钢-混组合仓壁节点力学性能的有限元分析，为地下粮仓的进一步研究和设计应用提供了参考。

本书主要围绕立筒仓环境激励测试及振动响应分析问题进行研究，共七章，约24万字。其中第一章为绪论，主要介绍立筒仓的工程应用背景，动力计算方法，模态参数识别方法及工程应用，进行立筒仓研究的主要内容、方案和技术路线等；第二章的内容是结构模态参数辨识基本理论，主要介绍环境激励下结构模态参数识别的频域方法、时域方法和联合时频方法的优缺点，重点阐述时域中的随机子空间方法辨识模态参数的基本原理和方法；第三章阐述改进的数据驱动随机子空间方法（Updated-DD-SSI方法）识别模态参数的原理和步骤，用matlab软件实现了Updated-DD-SSI识别方法的程序编制，并通过数值算例验证了该模态参数识别方法的可行性；第四章对立筒单仓和群仓在不同贮料工况下进行有限元模态分析，主要阐述散料颗粒的模拟方法；第五章对不同贮料工况不同支承方式的立筒单仓和群仓进行环境激励试验，通过立筒仓的环境激励试验，为中心对称单仓和轴对称群仓这类刚度较大的结构的测点布置、传感器测试方向的确定提出了优化方案；第六章应用Updated

－DD－SSI模态参数识别方法对立筒仓进行模态参数识别，并将识别结果与有限元结果进行对比分析，一方面可以用模态分析数值结果验证识别方法在实际应用中的准确性，另一方面可以利用识别得到的模态参数修正有限元模型；第七章基于结构振动理论和有限元数值分析，以三排五列的粮食立筒群仓为例，详细阐述了环境激励下角仓和边仓各自的振动反应特点，为更加合理进行筒仓结构抗震设计提供理论依据。

本书内容主要是郑州航空工业管理学院张大英负责的科研团队"基于信息技术的结构优化与自动化监测团队"近年来在立筒仓动力计算及振动响应研究工作中不断开展和积累的，书中也引用了一些国内外的相关研究成果，以更加全面系统地反映当前国内外在立筒仓环境激励测试和振动响应方面的研究成果。

本书研究成果得到国家自然科学基金青年科学基金项目（51808511）、河南省高等学校青年骨干教师培养计划项目（2019GGJS173）、河南省科技发展计划项目（212102310284、182102110288、202102310579）、河南省高等学校重点科研项目（19A560026）的资助，也得到中原千人-河南省科技创新人才支持计划（194200510015）、郑州航空工业管理学院的"高性能土木工程材料与环境"河南省高校工程技术研究中心和河南工业大学省级重点实验室"河南省粮油仓储建筑与安全重点实验室"的大力支持。

由于作者水平有限，书中难免存在疏漏和不足之处，敬请各位专家学者批评指正。

张大英

2021 年 10 月于郑州

目　　录

前言

第一章　绪论 ……………………………………………………… 1

1.1　立筒仓工程应用背景及研究意义 ……………………………… 1

1.2　立筒仓动力问题研究和模态参数识别综述 …………………… 3

1.2.1　国内外立筒仓动力问题研究现状 ……………………… 3

1.2.2　模态参数识别方法的工程应用现状 …………………… 4

1.3　立筒仓研究简况 ………………………………………………… 8

1.3.1　研究内容 ………………………………………………… 8

1.3.2　研究的关键问题 ………………………………………… 10

1.3.3　研究成果 ………………………………………………… 10

1.3.4　研究方案分析 …………………………………………… 11

1.3.5　研究的技术路线 ………………………………………… 14

1.4　立筒仓研究的创新点 …………………………………………… 17

第二章　结构模态参数识别基本原理 …………………………… 18

2.1　引言 ……………………………………………………………… 18

2.2　环境激励下结构模态参数识别的频域方法 …………………… 18

2.2.1　峰值拾取法 ……………………………………………… 18

2.2.2　频域分解法 ……………………………………………… 21

2.3　环境激励下结构模态参数识别的时域方法 …………………… 22

2.3.1　ITD 法 …………………………………………………… 22

2.3.2　随机减量法 ……………………………………………… 24

2.3.3　自然激励技术法 ………………………………………… 24

2.3.4　时间序列分析法 ………………………………………… 25

2.3.5 经验模态函数分解法 …………………………………… 27

2.3.6 随机子空间方法 ……………………………………………… 28

2.4 环境激励下结构模态参数识别的联合时频域方法 ………… 36

2.5 本章小结 …………………………………………………………… 38

第三章 改进的数据驱动随机子空间方法及应用 ……… 39

3.1 引言 ………………………………………………………………… 39

3.2 随机子空间方法数学计算原理概述 …………………………… 39

3.2.1 正交投影 ………………………………………………………… 39

3.2.2 统计性规律 ……………………………………………………… 40

3.2.3 SVD 和 QR 分解 ……………………………………………… 41

3.3 数据驱动随机子空间方法基本理论 …………………………… 42

3.3.1 振动系统的状态空间模型 …………………………………… 42

3.3.2 随机状态空间模型 …………………………………………… 44

3.4 基于参考点的数据驱动随机子空间识别方法 ……………… 46

3.4.1 卡尔曼滤波状态 ……………………………………………… 47

3.4.2 投影变换 ………………………………………………………… 47

3.4.3 系统矩阵 ………………………………………………………… 49

3.4.4 系统模态参数获取 …………………………………………… 52

3.5 改进的数据驱动随机子空间方法 ……………………………… 53

3.5.1 改进的数据驱动随机子空间方法基本思路 ……………… 53

3.5.2 特征方程的理论背景 ………………………………………… 54

3.5.3 新特征方程的构建 …………………………………………… 54

3.5.4 模态截断 ………………………………………………………… 55

3.5.5 计算结构实模态 ……………………………………………… 56

3.5.6 改进的数据驱动随机子空间方法识别结构模态参数 …… 57

3.6 改进的数据驱动随机子空间方法识别系统动力参数的程序 …… 58

3.7 算例验证 …………………………………………………………… 60

3.7.1 悬臂梁描述 ……………………………………………………… 60

3.7.2 悬臂梁有限元计算 …………………………………………… 61

3.7.3 识别悬臂梁频率、阻尼比、振型 ………………………… 62

3.7.4 悬臂梁频率、振型的理论计算 …………………………… 64

目　录

　3.7.5　计算结果分析 ……………………………………… 65

　3.8　本章小结 …………………………………………………… 67

第四章　立筒仓结构的有限元数值模拟 ……………………… 68

　4.1　引言 ………………………………………………………… 68

　4.2　ANSYS有限元模态分析基本理论和求解过程 …………… 68

　　4.2.1　建模 ………………………………………………… 69

　　4.2.2　加载、求解 ………………………………………… 69

　　4.2.3　扩展模态 …………………………………………… 69

　　4.2.4　后处理 ……………………………………………… 69

　4.3　立筒仓有限元模态分析 …………………………………… 69

　　4.3.1　柱支承单仓模型 …………………………………… 70

　　4.3.2　筒壁支承单仓模型 ………………………………… 72

　　4.3.3　柱支承立筒群仓模型 ……………………………… 75

　　4.3.4　筒壁支承立筒群仓 ………………………………… 78

　　4.3.5　煤仓 ………………………………………………… 83

　　4.3.6　立筒群仓 …………………………………………… 86

　4.4　本章小结 …………………………………………………… 93

第五章　立筒仓环境激励测试 ………………………………… 95

　5.1　引言 ………………………………………………………… 95

　5.2　环境激励法测试立筒仓的试验简况 ……………………… 95

　　5.2.1　试验仪器 …………………………………………… 95

　　5.2.2　立筒仓的选择 ……………………………………… 97

　5.3　立筒仓的测点布置方案 …………………………………… 99

　　5.3.1　柱支承单仓模型的测试方案设计 ………………… 99

　　5.3.2　筒壁支承单仓模型的测试方案设计 ……………… 101

　　5.3.3　柱支承群仓模型的测试方案设计 ………………… 103

　　5.3.4　筒壁支承群仓模型的测试方案设计 ……………… 109

　　5.3.5　超化煤仓的测试方案设计 ………………………… 115

　　5.3.6　东郊粮库筒壁支承群仓的测试方案设计 ………… 116

　5.4　立筒仓环境激励测试及信号分析 ………………………… 121

· 3 ·

5.4.1 环境激励测试中主要参数的选择 ……………………… 122

5.4.2 环境激励测试信号分析 …………………………………… 122

5.5 本章小结 ………………………………………………………… 128

第六章 立筒仓模态参数识别 …………………………………… 129

6.1 引言 …………………………………………………………… 129

6.2 采样数据预处理方法简介 ……………………………………… 129

6.2.1 数字滤波 ……………………………………………… 130

6.2.2 最小二乘法消除多项式趋势项 ……………………… 131

6.2.3 五点三次平滑法消除不规则趋势项 ………………… 132

6.3 环境激励下柱支承单仓模型的模态参数识别 ……………… 133

6.3.1 模型介绍 ……………………………………………… 133

6.3.2 信号预处理 …………………………………………… 134

6.3.3 频率和阻尼比识别 …………………………………… 136

6.3.4 模态振型识别 ………………………………………… 140

6.4 环境激励下筒壁支承单仓模型的模态参数识别 …………… 142

6.4.1 模型介绍 ……………………………………………… 142

6.4.2 信号预处理 …………………………………………… 142

6.4.3 频率和阻尼比识别 …………………………………… 144

6.4.4 模态振型识别 ………………………………………… 146

6.5 环境激励下柱支承立筒群仓模型的模态参数识别 ………… 148

6.5.1 模型介绍 ……………………………………………… 148

6.5.2 信号预处理 …………………………………………… 148

6.5.3 频率和阻尼比识别 …………………………………… 150

6.5.4 模态振型识别 ………………………………………… 153

6.6 环境激励下筒壁支承立筒群仓模型的模态参数识别 ……… 158

6.6.1 模型介绍 ……………………………………………… 158

6.6.2 信号预处理 …………………………………………… 158

6.6.3 频率和阻尼比识别 …………………………………… 160

6.6.4 模态振型识别 ………………………………………… 165

6.7 环境激励下煤仓模态参数识别 ………………………………… 167

6.7.1 模型介绍 ……………………………………………… 167

　　6.7.2　信号预处理 ………………………………………………… 168

　　6.7.3　频率和阻尼比识别 ………………………………………… 169

　　6.7.4　模态振型识别 ……………………………………………… 171

　6.8　环境激励下东郊粮库筒壁支承立筒群仓的模态参数识别 …… 172

　　6.8.1　模型介绍 …………………………………………………… 172

　　6.8.2　信号预处理 ………………………………………………… 173

　　6.8.3　频率和阻尼比识别 ………………………………………… 175

　　6.8.4　模态振型识别 ……………………………………………… 179

　6.9　本章小结 ………………………………………………………… 185

第七章　立筒群仓振动响应分析 …………………………………… 186

　7.1　引言 ……………………………………………………………… 186

　7.2　角仓和边仓振动反应特性 …………………………………… 186

　7.3　本章小结 ………………………………………………………… 191

附录 …………………………………………………………………… 193

参考文献 ……………………………………………………………… 201

第一章 绪 论

1.1 立筒仓工程应用背景及研究意义

立筒仓具有占地面积小，易于机械化、自动化作业，流通费用低，吨储物造价低等优点，是广泛应用于工业企业和仓储物流行业的通用性构筑物，尤其在粮食、煤炭、建材、冶金等系统中应用更为普遍。据统计，在美国的粮食物流行业，筒仓容量占总仓容的 80% 以上。我国自 20 世纪 90 年代以来，立筒仓建设步入了快车道，根据统计[1]，立筒仓占各类筒仓总数量的 82.6%。随着工程中贮料工艺要求的不断提高，钢筋混凝土筒仓直径由 10～20 米发展到 30～50 米，高度超过了 50 米。单仓（不与其他建、构筑物联成整体的单体筒仓，如图 1-1 所示）的容量由五六十年代的 200～2 000 吨增加到现在的 3 万吨，甚至更大。建仓规模由原来的单仓发展到大直径多组合的立筒群仓（由三个或多个单仓组合成一排的非严格意义上的群仓，由四个及更多单仓组合成 m 行 n 列的严格意义上的群仓），图 1-2 给出了一个由 15 个单仓组合成的 3 行 5 列的立筒群仓。如今立筒群仓得到了越来越广泛的应用，例如大连北粮港筒仓群，是由 128 个单仓构成的群仓，其规模之大为亚洲之最。根据国务院最新通过的《国家物流业调整振兴规划》《国家粮食安全中长期规划纲要（2008—2020 年)》和《全国新增 1 000 亿斤* 粮食生产能力规划（2009—2020 年）》，明确提出将建成一批全国性重要粮食物流节点和粮食物流基地，因此随着我国粮食连年增产和粮食安全作为国家战略安全的需要，大规模仓储建设将是必然趋势，立筒群仓将以其自身优点，成为全国性重要粮食物流节点中大规模仓储建设的主导仓型。然而，立筒群仓的动力计算问题（尤指抗震计算）的研究甚少，没有形成成熟的理论并指导工程实际，因此对立筒群仓的抗震计算提供一定的理论依据是非常必要的。此外，由于早期建仓理论还不够成熟，20 世纪 90 年代建设的大批筒仓，至今已有近 20 年的使用期，随着时间的推移，需要对这批在役的立筒

---

* 斤为非法定计量单位，1 斤＝0.5kg。——编者注

仓进行损伤识别、健康监测和安全评估。根据以上分析，得到立筒群仓的动力参数（自振频率、振型、阻尼比）是解决上述问题最根本和最核心的问题。

近年来，许多专家学者已经对单仓的抗震计算进行了较为深入的研究，有关规范[2][3]也有相应的计算方法与规定；然而对于立筒群仓的自振频率、振型、阻尼比等动力参数的研究一直较为薄弱，没有形成成熟的计算理论，规范中也无相关条文说明，目前工程中常用的方法是对群仓进行相同工况下单仓的抗震计算和截面设计，再利用构造措施将单仓连成群仓，而没有对群仓整体进行抗震验算。显然，由于立筒群仓是由单仓通过仓体连接并整体浇筑而形成的一个整体，各个单仓间由于位置和连接的不同会存在显著的动力相互作用问题。群仓与单仓在自振特性及刚度分布上有很大差别，尤其是群仓的振型与单仓的振型截然不同，因此利用单仓的变形和受力来模拟群仓的地震效应，无法体现群仓仓体间的相互作用，给工程设计带来了一定的盲目性。在地震中立筒群仓发生破坏的现象依然严重。例如，1976 年发生的唐山大地震中，筒仓的倒塌率为 18%[4]。2008 年发生的"5.12"汶川 8.0 级特大地震中，据现场实地调查，震区筒仓结构半数以上受损严重，支承体系或支承筒与仓壁的连接部位出现严重损坏，仓壁与仓顶出现大面积开裂，严重影响继续使用。因此，根据立筒仓结构设计、工程实际和抗震减灾的需要，对其动力计算问题进行深入系统的理论分析和试验研究是十分必要和紧迫的。

图 1-1　立筒单仓（煤仓）

图 1-2　立筒群仓（粮仓）

目前，对立筒仓动力问题的研究主要是装卸料过程中贮料对仓壁的动态侧压力问题，国内外有关专家学者也提出了各种各样的方法。而本书研究的目的是为立筒仓结构抗震设计、健康检测提供一定的理论基础，因此，本书主要研究立筒仓的动力参数。将环境激励测试方法应用于立筒仓结构中，通过环境激励测试得到立筒仓的动力响应数据，利用模态参数识别方法识别立筒仓的动力参数。目前已有很多学者利用环境激励方法测试大型建筑结构、桥梁结构和信号塔等，这些结构的测试手段和方法都可以借鉴并改进应用于立筒仓结构中，同样，目前用来识别这些结构的模态参数识别方法亦可以借鉴并改进用于识别立筒仓的动力参数。

1.2 立筒仓动力问题研究和模态参数识别综述

1.2.1 国内外立筒仓动力问题研究现状

近年来，国内外有关专家学者对立筒仓动力计算问题从理论研究和试验研究等方面进行了相关研究，获得了一定的研究成果。

在理论研究方面，国内专家学者的主要贡献有：赵衍刚等[5]（1989）采用半解析环元法对单仓结构的自振频率进行了理论分析。孙景江等[6]（1990）对钢筋混凝土柱承式单仓在地震作用下的弹性和非弹性反应进行了分析计算，提出了柱承式贮仓的非弹性地震反应位移的估算公式。马建勋等[7]（1997）应用内时本构关系建立了地震作用下单仓内散料的计算模型。徐荣光[8]（1999）利用符拉索夫壳体工程力矩理论分析了一种单仓的自振特性。刘增荣等[9]（2001）通过模态试验实现了单仓结构动力特性参数的频域识别。黄义等[10]（2002）进行了考虑仓内散粒体与仓壁相互作用的单仓动力计算分析。从以上文献可以看出，国内有关专家学者所进行的筒仓动力问题相关理论研究大多针对单仓，而对于群仓的研究，从大量文献查阅发现，仅有以王命平[11-13]为首的团队进行了筒承式单排群仓（最大组合1×6）动力问题研究，提出了自振频率的回归计算公式和修正的基底剪力计算公式，但由于是模型试验结果的回归，公式适用频率范围为30～180Hz，属于高频区段，与实际工程中的立筒群仓不符。

从国外有关立筒仓动力问题的理论研究情况来看，主要有以下几个方面：一是立筒仓卸料引起的动态侧压力及其对仓壁的作用问题的研究[14-18]；二是筒仓贮料流态模拟新方法的研究，诸如 D. R. Parisi 等[19]（2004）基于离散元将贮料沿筒仓高度分成几个子域的分析方法用于模拟工业筒仓内贮料的流动，

Riccardo Artoni 等[20] （2009）提出用一种新的连续体模型模拟散料的整体流动；三是筒仓仓体振动问题的研究，诸如 G. Fernando 等[21] （1999）研究了薄壁筒仓在空仓状态下的强迫振动，并用有限元程序计算出筒仓的动态屈曲荷载，Peter Knoedel 等[22] （1995）用不同的冲击模型分析了在轴对称情况下散体对仓壁的冲击作用。综合上述文献分析可知：国外有关学者开展的立筒仓动力问题理论研究大多是针对单仓，对立筒群仓动力问题的理论研究甚少。

在试验研究方面，相关学者大都致力于立筒仓模型的动力试验研究，主要表现在以下方面：Emest Chamis 等[23] （1984）进行了两个单仓模型在空仓、装满小麦、装满砂三种工况的自振频率试验研究。A Shimamoto [24] (1985) 进行了 4 个煤仓模型的模拟地震振动台试验，并由相似比求得原型煤仓的自振频率和动力反应。施卫星等[25] （1994）进行了混凝土单仓模型模拟地震振动台试验，研究了地震作用下立筒仓模型的动力特性和地震反应问题。顾培英等[26] （2000）通过模型试验分析了大圆筒自振频率、振型、动力放大系数等动力特性。Chris Wensrich[27] （2002）通过两个深仓的有机玻璃模型试验，研究了立筒仓在装料过程中自振频率和振幅的变化情况。马建勋等[28] （2003）通过 1：25 的有机玻璃单仓模型的模拟地震振动台对比试验，研究了贮料不同工况下筒仓地震反应及其变化规律。Stefan Holler 等[29] （2006）通过振动台实验和数值模拟研究了单仓在地震作用下的动力反应。并利用颗粒间应变的亚塑性理论分析了贮料与立筒仓相互作用对立筒仓自振频率和振型的影响。D. Dooms 等[30] 通过对钢板群仓中的一个角仓进行环境激励模态实验，并利用测试得到的动力响应数据识别出了角仓的模态参数，而且根据试验结果用有限元方法对其动力计算模型进行了研究。张华等[31] （2008）根据相似理论对缩尺比为 1：16 的 2×3 立筒群仓模型进行了模拟地震振动台试验，这也是到目前为止以立筒群仓为研究对象所做的唯一试验研究。从上述的文献分析可知，国内外有关学者虽然通过振动或地震模拟振动台试验进行了立筒仓自振频率、振型等动力特性的试验研究，但主要是针对单仓，所用的模型材料大多为有机玻璃，而对立筒仓特别是立筒群仓实仓现场试验研究则是空白。

综上所述，虽然诸多专家学者对立筒仓动力计算问题开展了理论和试验研究，然而大多针对单仓，以及用有机玻璃制作的模型试验，对于多排组合的立筒群仓研究甚少。

1.2.2 模态参数识别方法的工程应用现状

模态参数识别最早应用在航空航天领域，它的主要任务是从测试得到的数据中，识别得到振动系统的模态参数，包括结构的频率、振型、阻尼比、模态质量及模态刚度。其中频率、振型、阻尼比为结构的动力参数，模态质量及模态刚度统称为结构的物理参数。

传统的模态参数辨识方法是以实验室条件下的频率响应函数为基础，对结构进行的参数辨识。这种方法的缺点是必须同时测得结构上的激励和响应信号，此外结构的工作条件跟实验室条件有很大差别，因此对结构进行工作条件下的模态参数辨识更具有实际意义。然而，在许多工程实际中，有些大型结构无法施加激励或者激励费用昂贵，而且过大的激励有可能造成结构的局部破坏。因此采用环境激励下的结构模态参数辨识具有更大的工程应用价值。

环境激励下结构模态参数辨识方法的研究早在 20 世纪 60 年代就已开始，并且得到了国内外航天、航空、汽车及建筑领域研究人员[32-38]的极大关注。如美国 SADIA 国家实验室的 James 和 Carne 在 1995 年提出的自然激励技术法（NExT 方法）[38]，并将该方法用于高速汽轮机叶片在工作状态下固有频率和阻尼比的识别；欧盟 1997 年批准的 Eupokh 项目的主要研究内容是环境激励下（如大桥在风力与交通激励下）大桥结构的工作模态参数辨识；1997 年丹麦对 Vestvej 大桥进行了环境激励下的模态参数辨识[39]；Yuen Ka‐veng 等[40]利用贝叶斯时域方法进行的环境激励测试下结构的模态分析；郑敏等[32][33]单独利用响应数据进行的模态参数识别；Byeong Hwa Kim[34]等利用 TDD 技术提取高速铁路桥梁的模态参数。

近年来，国内外专家学者还对环境激励下的高层建筑、输电线塔、信号传输塔、高耸烟囱、桥梁等进行了大量的测试，并进行了在线模态识别研究。徐士代[41]博士在本书中研究了利用不同识别方法进行环境激励下工程结构的模态参数识别。L. H. Yam 等[42]利用环境激励响应测试方法获取柔性结构的动力特性，对一三十米高的灯柱进行了环境地脉动测试，得到了灯柱的模态振型。Paolo Bonato 等[43]人进行了风荷载作用下结构的模态参数识别。S. S. Ivanovic 等[44]人对加利福尼亚州凡奈斯的一幢在 1994 年北岭地震中遭破坏的七层钢筋混凝土建筑进行了环境激励测试，检测它的破损情况。杨和振等[45]利用频域的模态识别法、峰值法和时域中的自然激励法结合特征系统实现算法分别对海洋平台结构现场测试的动力响应数据进行模态参数识别，并利用 ANSYS 建立了该平台结构的三维有限元模型进行结构的模态分析。夏江宁等[46]基于结构的振动台环境试验数据，通过被测系统频域中的测点加速度测量值与台面加速度测量值之间的传递率函数，导出了一个被测系统的"广义频率响应函数"，并且通过对边界条件的进一步简化和假设，最终得到了系统的模态参数。Dionysius M. Siringoringo 和 Yozo Fujino[47]利用随机减量技术结合 ITD 方法和自然激励技术结合特征系统实现算法两种识别方法对环境激励下的悬索桥进行了模态参数识别，并将识别结果与有限元模拟结果进行了对比分析，验证了两类模态识别方法用于悬索桥结构的可行性。J. M. W. Brownjohn 等[48]对亨伯河大桥进行了环境激励测试，一方面评价目前的测试技术并进行大桥的模态参数识别，另一方面修正有限元模型，再者对大桥进行健康检测。任伟新[49]等进行了环境激励下斜拉索的模态试验参数研究。

环境激励下模态参数识别方法有多种分类方式，按识别信号域分为：频域识别方法、时域识别方法、联合时频域识别方法；按激励信号分为：平稳随机激励和非平稳随机激励；按测取信号的方法分为：单输入—多输出方法和多输入—多输出方法；按识别方法特性分为：峰值拾取法、频域分解法、随机减量法、NExt、时间序列法、经验模态函数分解法（EMD）、随机子空间法及联合时频域方法。国内外专家学者各自致力于某种模态识别方法的研究和应用，并提出各种改进方案，使得模态参数识别方法日趋成熟。以下主要列举了国内外专家学者对某些模态参数识别方法的应用和改进。

何林和欧进萍[50]曾利用 ARMAX 模型进行了框架结构的动力参数识别。胡孔国等[51]曾进行了随机地震动模拟的时间序列法及其工程应用研究。Dan - Jiang Yu，Wei - Xin Ren 在文献 [52]、[53] 中提出了一种基于 EMD 分解的随机子空间方法识别结构的模态参数，通过设置间断频率利用 EMD 技术将结构的动力响应原始信号分解成若干个本征模态函数，使每一个本征模态函数仅为结构的某一阶固有模态，进而用随机子空间方法进行结构的模态参数识别，通过对一实桥环境振动试验数据进行分析，证明了该方法能有效地避免结构各阶模态之间的相互影响，更方便地获取到结构的模态参数。X. H. He[54]等人利用 EMD 分解技术从测试得到的非稳态数据中提取系统的本征模态函数，然后运用随机减量技术从本征模态函数中提取结构的自由响应，之后通过最小化提取的自由振动响应和测试数据的自由响应之间误差的方法构建一个参数化模型，通过构建的参数化模型识别结构的模态参数，并利用基于 EMD 分解的随机减量技术对南京长江大桥进行了通车工况下和不通车工况下的模态参数辨识，验证了该方法的有效性，并提出该方法可用于大型桥梁结构及其他结构中。Fei Bao[55]，Chen Li[56]等人将加窗平均技术引入到 EMD 分解中，通过利用滑动平均窗对局部数据进行整体平均，求出能反映信号在一个很长时间范围内缓慢变化的信号的局部均值曲线，通过将窗宽度表示为振动信号的变量的方法，使得该方法适用于信号在宽频范围内的变化。并通过实例分析，将该方法与传统的基于 EMD 的模态参数识别方法相比较，验证了该方法的高效性和鲁棒性。B. Peeters，G. De roeck[57]考虑到实际测试时无法一次测得结构的所有自由度，首次提出了基于参考点的随机子空间方法，并利用蒙特卡罗模拟研究和两个实际的例子验证了该方法。徐良等[58]利用随机子空间识别方法对虎门悬索桥进行了模态分析。Hideyuki Tanaka，Tohru Katayama[59]借助有限时间间隔上随机实现的帮助，提出了利用 LQ 分解技术的新的随机子空间方法，该方法避免了求解里卡提方程。S. JoeQin[60]讲述了随机子空间方法发展的历程及未来的发展方向。Jiangling Fan，Zhangyi Zhang[61]等人将随机子空间方法识别结构的模态参数分为两个步骤：第一步识别出结构的模态频率和阻尼比，第二步提取模态振型，在识别方法中利用主成分能量指标结合稳定图的方法将结构的物理模态从虚假模态中分离出来，并利用该方法有效地识别出了一钢管混凝土拱桥的模态参数。Edwin Reynders，Guido De Roeck[62]鉴于只利用在线模态分析或基于输出响应的模态分析只能得到结构有限数量的模态，同时考虑结构施加人工激励和环境激励两个因素，利用既能进行试验模态分析又能进行在线模态分析的确定随机子空间识别方法识别结构的模态参数，通过利用该方法识别一桥梁结构，得到了该桥目前为止最多的模态阶数。Daniel N. Miller[63]利用经典实现理论对随机子空间方法进行了重新解释，通过构建加权 Hankel 矩阵，形成了更具广泛意义的子空间辨识方法，该方法不仅适用于诸如脉冲输入信号和阶跃输入信号的情况，而且适用于任意输入信号的情况，文中采用数值算例验证了该方法识别模态参数的有效性。Virote Boonyapinyo，Tharach Janesupasaeree[64]将振动力和相关响应看作输入信息，而不是作为噪声处理，利用数据驱动随机子空间方法从振动测试结果中提取桥梁甲板的颤振导数，并将计算结果与协方差驱动随机子空间方法进行了对比分析，通过对一改进的薄板模型进行数值模拟和风洞试验验证了数据驱动随机子空间方法提取颤振导数的可行性。张志谊等[65]曾给出了基于响应信号 Gabor 展开与重构的模态参数辨识的时频分析方法。续秀忠等[66]应用线性和二次时频变换方法进行了时变结构模态参数的辨识。并用一仿真算例结果证明了时频展开与重构方法是模态参数辨识的有效手段之一。

从上述诸多学者利用环境激励方法测试的结构类型及模态参数识别方法应用领域来看，并没有相关文献专门研究环境激励下的立筒仓结构的动力参数。本书将模态参数辨识理论应用于立筒仓结构中，为立筒仓动力问题的研究开辟了新的思路。

目前对于立筒仓（包括单仓和群仓）这类高大结构，其动力参数的计算仍然只是依据经验公式或数值模拟结果。对于立筒仓在地震等较大动荷载作用下的破坏情况也没有相关的分析参考依据。而且立筒群仓动力问题的研究仍然存在以下关键问题：

（1）立筒群仓实仓现场试验研究是空白。虽然国内外有关专家学者对筒仓模型进行了试验，但大多是采用有机玻璃模型，且多为单仓。由于存在尺寸效应和材料相似问题，通过模型试验对动力特性的研究结果与实际工程中的立筒仓存在较大差异，并不能直接用于实仓计算，因此必须研究立筒群仓现场试验的方法。

（2）立筒群仓的模态参数识别研究甚少。虽然国内外有关专家学者曾经对立筒仓进行了动力参数的研究，但大多是针对有机玻璃模型立筒仓，且多为单仓，而且多数是针对自振频率的研究。对实仓动力参数的研究只有如D. Dooms 等[30]对钢板群仓的某一角仓进行的动力计算。而钢板仓与立筒仓在材料和组合方式上有很大差异。因此进行立筒群仓的模态参数识别研究是必需的，不仅可以得到它在实际工作状态下的真实可靠的动力参数，而且为它的有限元模型的建立奠定基础，为立筒群仓动力计算模型的简化提供依据。此外，还可以为在役立筒群仓的健康检测提供依据。

（3）由于立筒群仓是由单仓相互连接而成的，且为一个整体，各仓体间存在的显著的动力相互作用问题，使得其振动特性由杆的振动向体的振动转变，不再是通过单仓动力计算所能体现的，这也是群仓与单仓的本质区别所在。因此只有对群仓自身的动力参数进行研究，才能揭示群仓动力计算问题的本质。

本书以立筒仓为研究对象，以立筒仓的环境激励模态试验和模态参数识别为主要研究内容，并以此为基础，一方面，分析立筒仓的各阶频率、阻尼比和振型；另一方面，进行立筒仓有限元模型的准确建立。通过本书的研究，可以为立筒仓的抗震分析与结构设计、在役筒仓的损伤识别和规范的修订提供理论基础和试验依据，对提高我国储仓结构抗震问题的理论和技术水平，具有重要的理论意义和工程应用价值。

1.3　立筒仓研究简况

1.3.1　研究内容

采用理论分析、数值模拟和试验研究相结合的手段，以立筒仓为研究对象，主要进行以下四项内容的研究。

1.3.1.1　立筒仓的数值模拟研究

利用有限元分析软件，以进行振动试验的立筒仓为研究对象，建立有限元分析模型，进行立筒仓结构的模态分析，获得立筒仓的自振频率和振型，以指导立筒仓现场试验方案的设计。

通过对立筒仓的数值模拟研究，一方面可以为立筒仓的振动试验提供理论指导；另一方面通过第 2 项研究内容的振动试验结果，利用第 3 项研究内容的模态参数识别方法计算出立筒仓的动力参数，从而修正有限元模型，为准确建立立筒仓的有限元模型提供参考依据。

1.3.1.2　基于环境激励的立筒仓的测试技术研究

以获取结构的动力参数为目的的立筒仓的现场振动试验研究是空白。而通过对立筒仓模型的振动试验获取模型的动力参数后，再利用相似关系得到原型的动力参数，会因诸多因素的影响造成一定的误差：如模型仓内贮料与原型仓内贮料的不同，模型缩尺后的尺寸效应的影响，模型仓材料与原型仓材料之间差异的影响等。但是对立筒仓模型进行振动试验，具有试验条件便利、结构体积较小便于操作、可重复进行等优点，可以为进行现场实仓的振动试验积累经验、奠定基础。对立筒仓采用环境激励法进行振动试验，主要开展以下研究：

（1）根据立筒仓模型的结构特点，并利用模型仓的有限元分析结果，进行模型仓的测点布置与优化方案等关键测试技术问题的研究；

（2）根据立筒仓模型的振动试验结果，结合实仓的有限元分析结果，进行实仓的测点布置与优化方案等关键测试技术问题的研究；

（3）提出环境激励下立筒仓现场试验的实用简易测试方法。

通过对立筒仓的环境激励试验研究，提出一种实仓现场测试方法，拓展该领域的试验研究手段。

1.3.1.3　立筒仓的动力参数识别方法研究

根据目前广泛应用于大型建筑结构、桥梁结构、航空航天等领域的模态参数识别方法，如随机子空间法、模态函数分解法等，根据结构模态参数识别基本理论，进行筒仓结构动力特性参数的模态识别方法研究，得到适合于筒仓特别是群仓这种特殊结构物的模态参数识别方法——改进的数据驱动随机子空间方法，简称为 Updated-DD-SSI 方法。利用该方法对筒仓现场实测得到的动力响应进行处理，获取筒仓的自振频率、振型和阻尼等动力特性参数。

通过对立筒仓的动力参数识别方法研究，一方面可以修正第 1 项研究内容中立筒仓的有限元模型；另一方面可以为立筒仓的动力计算与分析奠定理论基础；此外还可以为在役立筒仓的健康检测奠定基础。

1.3.1.4 立筒仓各阶模态的获取与分析

立筒仓刚度大、质量大，不同于普通的建筑结构，更不同于目前专家学者广泛研究的柔度较大的桥梁结构、传输塔结构、信号塔结构等，不管是立筒单仓还是立筒群仓，要准确获得各阶振型，测点的位置和传感器的测试方向是至关重要的。这两个因素共同决定了所能捕捉到的模态数目，获取立筒仓的低阶模态相对简单，但是高阶模态获取的难度是较大的。而高阶模态更能体现组成群仓的各单仓之间的差异，因此获取立筒仓的某些高阶模态还是非常必要的。立筒群仓是由多个单仓通过仓体连接浇筑成一个整体的结构，会因各单仓组合方式的不同、单仓之间连接处刚度的不同、各单仓内贮料容量的不同，不仅对群仓的整体模态有很大影响，而且对组成群仓的各单仓的模态也有很大影响。因此，通过对立筒群仓各阶模态的分析，可以为立筒群仓的动力简化计算模型、抗震计算与分析提供理论基础。

1.3.2 研究的关键问题

（1）对立筒仓进行数值模拟研究时，立筒仓内贮料对立筒仓的动力特性参数的影响；

（2）对立筒仓进行数值模拟研究时，不同单元类型对计算结果的影响；

（3）对立筒仓进行数值模拟研究时，网格划分对计算结果的影响；

（4）基于环境激励的立筒仓结构的动力响应现场测试时，测点的布置与优化方案设计；

（5）基于环境激励的立筒仓结构的动力响应现场测试时，测试方向的选择与优化；

（6）立筒仓的动力特性参数识别方法研究；

（7）立筒仓的动力特性参数识别方法的程序实现。

1.3.3 研究成果

（1）通过试验研究与理论分析，准确建立了立筒仓（空仓或装有贮料）的数值计算模型；

（2）解决了立筒仓模型的测点布置与优化方案等关键测试技术；

（3）解决了立筒仓实仓的测点布置与优化方案等关键测试技术；

（4）提出了一种基于环境激励的立筒仓的动力响应的现场测试方法；

（5）提出了一种立筒仓动力特性参数的模态识别方法。

1.3.4 研究方案分析

1.3.4.1 立筒仓的数值模拟研究

立筒仓有多种分类方式，根据支承方式分为柱支承、筒壁支承、外筒内柱支承；根据结构形式分为单仓、群仓；根据工况分为满仓（仓内装满贮料）、部分满仓（仓内装有贮料但不满）、空仓（仓内没有装贮料）。对于这三种分类方式，第一种分类方式对立筒仓的有限元建模没有特殊要求，只需要根据立筒仓的支承方式建立相应的分析模型即可；第二种分类方式中群仓相比单仓的建模要复杂得多，因为群仓是由多个单仓组合而成的，各单仓之间通过筒体连接在一起，需要对连接处做好处理；第三种分类方式中空仓的情况最容易解决，单仓只需要根据自身的结构形式建立相应的分析模型即可，群仓需要处理好各单仓之间的连接，而部分满仓或满仓工况下，立筒仓内都装有贮料，建立有限元分析模型时，需要将贮料考虑在内，因为贮料对立筒仓的动力特性有很大影响，此外要处理好贮料与立筒仓自身的接触。

1.3.4.2 基于环境激励的立筒仓的测试技术研究

环境激励法相比传统的模态识别方法（实验室条件下对结构实际人工激励，同时测得结构的激励和响应）具有很多优点：①无需对结构施加激励，如无需对桥梁、海洋结构、高层建筑、传输塔、信号塔等大型结构进行激励，直接用传感器测试结构在风力、交通、水流等环境激励下的输出动力响应数据就可以识别出结构的模态参数；②基于环境激励识别的模态参数符合结构的实际工况及边界条件，能真实地反映结构在工作状态下的动力特性；③无需对结构采用人工或机械施加激励，节省了人工和设备费用，而且避免了对结构可能产生的局部损伤。

立筒仓也属于高大结构，对其施加人工激励也不切实际，因此采用环境激励法测试立筒仓的动力响应。然而目前将环境激励测试方法运用到立筒仓中的研究方法和成果相对较少，本书综合考虑立筒仓工作环境和自身结构特点，进行环境激励测试。立筒仓刚度大、质量大，单仓中心对称，当组成群仓的各单仓的工况相同的情况下，群仓属于轴对称结构，立筒仓本身的结构特点决定了它与其他高层建筑、传输塔、信号塔、桥梁等柔度大的结构有很大区别，主要有以下几个重点和难点：一是响应信号采集的难度；二是测点位置的选择与优化；三是传感器测试方向的确定；四是准确获取低阶模态的方法；五是高阶模态的获取方法。因此必须根据上述五个重点和难点进行立筒仓测试技术的专门研究。首先利用国家自然科学基金（50678061）项目中的振动台试验后留下的单仓和群仓模型，并建立有限元模型进行模态分析，就上述五个重点和难点进行分析探讨，通过在立筒仓模型上的反复试验，完善测试方案，解决上述问题，为立筒仓实仓的现场试验提供指导方案。

1.3.4.3 立筒仓的动力参数识别方法研究

基于环境激励的结构模态参数识别方法的研究早在 20 世纪 60 年代就已开始，按识别方法自身特性分为：频域中的峰值拾取法和频域分解法，时域中的时间序列法、随机减量法、自然激励技术法（NExT）、随机子空间法和经验模态函数分解法（EMD），联合时频方法。

频域中的峰值拾取法：根据频率响应函数在结构的固有频率附近出现峰值的原理，用随机响应的功率谱代替频率响应函数[67]，用工作挠度曲线近似代替结构的模态振型。该方法不能识别密集模态，但便于操作、识别速度快，在建筑领域中经常使用。

频域中的频域分解法：它是峰值拾取法的延伸[68]，克服了峰值拾取法的缺点，对响应的功率谱进行奇异值分解，将功率谱分解为对应多阶模态的一组单自由度系统的功率谱。该方法识别模态参数有一定的抗干扰能力。

时域中的时间序列法：利用该方法进行模态参数识别无能量泄漏、分辨率较高，但目前仍然没有一种完全成熟的正确确定模型阶次的方法。

时域中的随机减量法：利用样本平均的方法，去掉动力响应中的随机成分，得到结构在初始激励下的自由响应，然后利用 ITD 法进行结构的模态参数识别，该方法仅适用于白噪声激励的情况。

时域中的 NExT 法：利用白噪声环境激励下，结构两点之间响应的互相关函数和脉冲响应函数具有相似的表达式，求得两点之间响应的互相关函数后，运用时域中模态识别方法进行结构的模态参数识别。

时域中的随机子空间法：假定结构为线性系统，从控制理论中的状态空间模型出发，利用输出动力响应构建数值 Hankel 矩阵，并利用投影变化原理，进行结构的模态参数识别。适用于平稳激励。虽然计算量大，但是在计算过程中用了奇异值分解技术（SVD）和 QR 分解技术，具有很强的鲁棒性、信噪比，对输出噪声有一定的抗干扰能力。近年来被广泛应用于高层建筑、桥梁等结构的模态参数识别。但 Hankel 矩阵行数的确定和系统阶数的选取是关键，而且会识别出虚假模态。

经验模态函数分解法：该方法用于提取结构的本征模态函数，之后利用HHT方法进行结构的模态参数识别。而结构某一阶模态并不一定对应某一个本征模态函数，因此针对每阶模态提取一个本征模态函数难度较大。

通过上述对目前结构模态参数识别方法的分析，综合各种识别方法的优缺点，在基于参考点的数据驱动随机子空间方法基础上，结合特征方程方法提出了一种新的时域模态参数识别方法——改进的数据驱动随机子空间方法（Updated-DD-SSI）。对立筒仓的模态参数识别采用频域中的峰值拾取法和Updated-DD-SSI方法。峰值拾取法对于测点布置较少，没有进行分批测试的立筒仓的模态参数识别方便；随机子空间方法的发展经历了多个阶段，而且由于其计算过程中采用了SVD和QR分解，识别得到的结构的振型为复振型，以往人们都是直接采用复振型的实部做出结构的振型图，而实部并不一定能反应结构的真实模态信息，因此研究过程中，利用环境激励测试得到的立筒仓的动力响应数据，将特征方程提取实模态振型的方法与随机子空间方法相结合提出了改进的数据驱动随机子空间方法（Updated-DD-SSI）识别结构的模态参数。

1.3.4.4 立筒仓各阶模态的获取与分析

利用有限元软件可以初步分析得到立筒仓的各阶频率和振型，根据立筒仓各阶振型初步确定测试方案，主要是测点的布置问题。测点布置的优劣直接影响到所能获得的结构的模态数目。图1-3（a）为一筒壁支承立筒仓单仓的有限元模型，图1-3（b）为2×3柱支承立筒群仓有限元模型，直角坐标系如图中所示。以图1-3（a）中的单仓为例说明测点位置和方向对获取模态的重要性，假定只沿X方向布置传感器，则只能得到单仓的X方向的模态，其他方向的模态无法得到。按柱坐标系考虑，沿着单仓的半径方向定义为R方向，筒壁上与半径方向垂直的方向定义为θ方向，假定只沿R方向布置传感器，则只能捕捉到单仓在R方向的模态，θ方向的模态无法得到。因此，要获得所需要的结构模态，除了安装位置以外，传感器的测试方向亦非常重要。立筒仓低阶振型的获得是较容易的，因为它主要表现为筒体的模态，而高阶振型主要表现为局部的模态，局部模态的位置不易确定，特别是对于单仓这类中心对称的结构，局部模态的位置更难确定，因此，需要布置足够多的传感器才能得到高阶模态。

无论是单仓还是群仓，低阶振型都表现为筒体的模态，而且变形简单。对

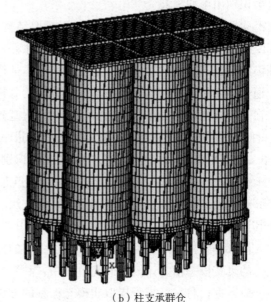

（a）筒壁支承单仓　　　　　　　　　　（b）柱支承群仓

图 1-3　立筒仓有限元模型

于高阶振型单仓表现为筒身不同位置变形的不同；而群仓由于是由多个单仓整体浇筑而成的，各单仓之间有相互约束的作用，因此，它的高阶模态首先反映的是不同位置处各单仓变形的不同，其次表现为同一个单仓不同位置变形的不同。此外，如果群仓内各单仓装有贮料的工况不同，对群仓的模态影响亦很大，因此群仓模态更复杂。

　　通过上述分析，对立筒仓各阶模态的获取结合有限元模态分析结果和模态参数识别结果，对单仓和群仓分别进行不同工况下的分析，群仓要重点分析各单仓之间的相互约束及贮料对其模态的影响。

1.3.5　研究的技术路线

　　进行立筒仓研究的技术路线整个贯穿四项主要研究内容：①立筒仓的数值模拟研究；②基于环境激励的立筒仓的测试技术研究；③立筒仓的动力参数识别方法研究；④立筒仓各阶模态的获取与分析。②和③为研究的核心内容，也是研究过程中的创新部分。这四项内容互相衔接，共同构成了一个完整的体系。图 1-4 描述了研究的技术路线图。下面结合技术路线图 1-4，并根据研究的四项内容之间的互相关联作简要说明：

第一项内容与其他三项内容之间的关联：立筒仓的数值模拟研究，主要是对模型仓和实仓分别构建模型，并进行有限元模态分析，得出各自的频率、振型，其中频率值为第二项环境激励测试过程中采样频率范围的确定提供依据，振型为第二项内容中测点位置的确定、传感器安装方向的选择提供技术指导；此外，有限元计算得到的频率和振型与第三项内容中利用编制的模态识别方法识别出的频率和振型进行比较分析，一方面后者为前者有限元模型的修正提供指导，另一方面前者为后者识别出的模态参数的精度提供比较依据；通过立筒仓的数值模拟研究，才能明确第四项内容中能获取到的模态阶数。

第二项内容与其他三项内容之间的关联：立筒仓的环境激励测试是研究中的核心内容之一，这一部分中最关键的是中心对称单仓和轴对称群仓的测定位置的确定和优化、传感器测试方向的选择，具有创新性。环境激励试验以模型仓和实仓为对象，模型仓的环境激励试验相对实仓试验在前，可以通过对模型仓的反复试验，探索立筒仓这类结构的测点位置的选择与优化、传感器安装方向的定位，模型仓的试验与第一项内容中实仓的有限元模态分析共同为实仓的环境激励试验提供技术指导；第一项为立筒仓的环境激励测试内容奠定基础；立筒仓的环境激励测试为第三项内容提供结构在工作状态下测试得到的真实的动力响应，这样通过第三项内容中的模态识别方法识别出的结构动力参数为工作模态参数，更具有实际意义；立筒仓的环境激励测试中测点的布置位置和传感器的安装方向决定了第四项中所能获取得到的立筒仓的模态阶数。

第三项内容与其他三项内容之间的关联：立筒仓的动力参数识别是研究的另一个核心内容，这一部分主要研究利用基于参考点的数据驱动随机子空间方法结合特征方程方法构建了一种新的时域模态参数识别方法——改进的数据驱动随机子空间方法（Updated-DD-SSI方法），并利用matlab编制了Updated-DD-SSI识别方法的计算程序，具有创新性，利用Updated-DD-SSI方法识别得到立筒仓的频率、振型、阻尼比，识别出的动力参数与第一项有限元模态分析得到的动力参数对比分析，确定Updated-DD-SSI识别方法的精度，并为第一项有限元模型的修正提供指导；动力参数识别的前提即为第二项环境激励试验，以测试得到的加速度响应为已知条件进行立筒仓的模态参数识别；动力参数识别和第一项有限元模态分析结果是第四项各阶模态分析的基础。

第四项内容与其他三项内容之间的关联：第一项内容给出了所需获得的立筒仓各阶模态的数值模拟解；第二项和第三项内容给出了所能获得的立筒仓各阶模态的"真实解"（这里"真实解"并不是实际意义上的"真实解"，

而是根据试验过程中测点的布置和传感器的方向测试得到加速度响应，并由模态识别方法识别出的试验基础上的"真实解"）；立筒仓各阶模态的分析是对前三项内容的总结，只有通过对数值模拟和识别出的模态参数进行详细分析，才能为立筒仓尤其是群仓的动力简化计算模型的建立和抗震设计方法提供理论基础。

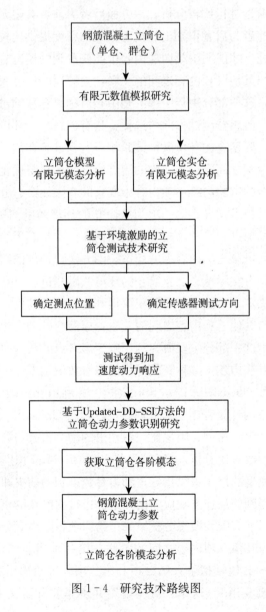

图 1-4 研究技术路线图

1.4 立筒仓研究的创新点

（1）综合考虑立筒仓工作环境及自身结构特点，将环境激励测试方法应用于立筒仓结构中；

（2）将基于参考点的数据驱动随机子空间方法与特征方程法相结合建立了一种新的结构模态参数识别方法——改进的数据驱动随机子空间方法（Updated - DD - SSI方法），并用matlab软件实现了Updated - DD - SSI识别方法的程序编制；

（3）通过对立筒仓进行环境激励测试，提出了中心对称单仓和轴对称群仓的测点布置和传感器测试方向确定的优化方案。

第二章　结构模态参数识别基本原理

2.1　引言

　　模态参数识别方法最早应用在航空航天领域，目前已广泛应用于大型建筑结构、桥梁结构等的模态参数辨识。本章针对基于环境激励的模态参数识别的频域方法和时域方法，从他们的基本原理出发，分析各种模态参数识别方法的优缺点，明确他们各自的适用范围。探索各种模态参数识别方法有待改进的方面。

2.2　环境激励下结构模态参数识别的频域方法

　　频域法是先把环境激励测试得到的结构的动力响应数据变换成频域数据，然后进行模态参数识别。主要有峰值拾取法和频域分解法两类。峰值拾取法是根据频率响应函数在固有频率附近出现峰值的原理，用随机响应的功率谱代替频率响应函数。该方法假定响应功率谱峰值仅有一个模态确定，这样系统的固有频率由功率谱的峰值得到，用工作挠度曲线近似替代系统的模态振型。频域分解法[69]是白噪声激励下的频域识别方法，是峰值拾取法的延伸，克服了峰值拾取法的缺点。

2.2.1　峰值拾取法

2.2.1.1　单自由度系统的频响函数

　　通过对振动体系的运动微分方程：

$$m\ddot{x} + c\dot{x} + kx = f(t) \qquad (2-1)$$

进行 Laplace 变换（拉氏变换），得到单自由度系统的传递函数：

$$H_d(s) = \frac{1}{m(s^2 + 2\xi\omega_0 s + \omega_0^2)} = \frac{X(s)}{F(s)} \qquad (2-2)$$

式中，ω_0 为结构的固有频率，ξ 为结构的临界阻尼比。

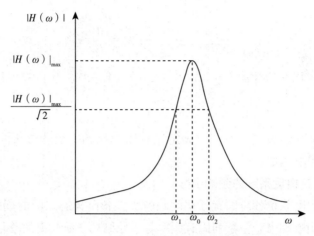

图 2-1　单自由度系统幅频特性曲线

令（2-2）式中的 $s = j\omega$，则得到结构的位移频响函数 $H_d(\omega)$：

$$H_d(\omega) = H_d(s)\,|_{s=jw} = \frac{1}{m(\omega_0^2 - \omega^2 + 2j\xi\omega_0\omega)} = \frac{X(\omega)}{F(\omega)} \tag{2-3}$$

由（2-3）式可知，$H_d(\omega)$ 为复函数，可用幅值-相位表达，即：

$$H(\omega) = |H(\omega)|\,e^{-j\theta(\omega)} \tag{2-4}$$

式中，$H(\omega)$ 和 $\theta(\omega)$ 分别为频响函数的幅值和相位，则

$$|H(\omega)| = \frac{1}{m\sqrt{(\omega_0^2 - \omega^2)^2 + (2\xi\omega_0\omega)^2}} \tag{2-5}$$

$$\theta(\omega) = \tan^{-1}\frac{2\xi\omega_0\omega}{\omega_0^2 - \omega^2} \tag{2-6}$$

以幅值和相位作为频率的函数绘制而成的曲线通常称为幅频图和相频图，如图 2-1 所示幅频特性曲线。

（2-5）式两边对 ω 求导并令其等于零，得：$-4(\omega_0^2 - \omega^2) + 8\xi^2\omega_0^2 = 0$，可解得幅频曲线峰值所对应的圆频率 $\omega'_0 = \omega_0\sqrt{1 - 2\xi^2}$，代入式（2-5）则有：

$$|H(\omega)|_{max} = \frac{1}{2m\xi\omega_0^2\sqrt{1-\xi^2}} \tag{2-7}$$

一般工程结构的阻尼比 $\xi \leqslant 0.1$，则：$\omega'_0 \approx \omega_0$，所以由幅频特性曲线峰值所对应的频率可确定结构的自振频率。

在半功率点处 $|H(\omega_1)|^2 = |H(\omega_2)|^2 = \frac{1}{2}|H(\omega)|_{max}^2$ 所对应的频率值即

满足下式：

$$\frac{1}{m}\frac{1}{\sqrt{(\omega_0^2-\omega^2)^2+(2\xi\omega_0\omega)^2}}=\frac{1}{\sqrt{2}}\mid H(\omega)\mid_{\max} \qquad (2-8)$$

(2-8) 式的两个解为：$\omega_{1,2}=\omega_0\sqrt{1\pm2\xi}=(1\pm\xi)\omega_0$，则有阻尼比 ξ 为：

$$\xi=\frac{\omega_1-\omega_2}{2\omega_0} \qquad (2-9)$$

半功率点法即是通过式（2-9）确定结构阻尼比的，上述方法同样适用于速度、加速度频响函数。

2.2.1.2 多自由度系统的频响函数

当多自由度系统各阶固有频率间隔较大、各阶模态之间的耦合可忽略时，系统的频响函数相当于一系列固有频率等于原结构各阶频率的单自由度结构频响函数的近似叠加，如图 2-2 所示；此时，多自由度系统频响函数为：

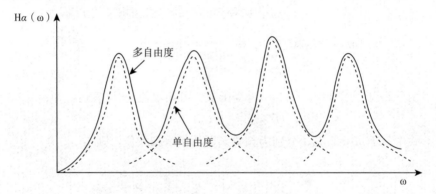

图 2-2　单自由度结构的频响函数近似表达多自由度系统的频响函数

$$H^{rp}(\omega)\approx\frac{\varphi_{ri}\varphi_{pi}}{m_i(\omega_i^2-\omega^2+2j\xi_i\omega_i\omega)} \qquad (2-10)$$

式（2-10）频响函数的幅频和相频分别为：

$$\mid H^{rp}(\omega)\mid=\frac{\mid\varphi_{ri}\varphi_{pi}\mid}{m_i\sqrt{(\omega_i^2-\omega^2)^2+(2\xi_i\omega_i\omega)^2}},\theta^{rp}(\omega)=tg^{-1}\frac{2\xi_i\omega_i\omega}{\omega_i^2-\omega^2}$$

$$(2-11)$$

上面两式中 $H^{rp}(\omega)$ 代表 p 点激励 r 点响应的频响函数，φ_{ri} 为第 r 个测点第 i 阶模态的振型向量，φ_{pi} 为第 p 个激励点第 i 阶模态的振型向量。

类似单自由度体系，可以通过幅频曲线 $\mid H^{rp}(\omega)\mid$ 的峰值确定系统固有频率，并根据幅频曲线由半功率点法确定相应的阻尼比 $\xi_i=\frac{\Delta f}{2f_i}(i=1,2,\cdots,$

n)(Δf 为半功率带宽)。

由式（2-10）可知，频响函数幅频曲线的峰值在各阶模态频率附近，为矩阵的一列（行）第 i 阶模态对应的值（以加速度频响函数为例），即：

$$\left| H_a^{rp}(\omega) \right|_{\text{峰}} \approx \left| H_a^{rp}(\omega_i) \right| = \frac{\varphi_{ri}\varphi_{pi}}{2M_i\xi_i} \qquad (2-12)$$

若在结构上 n 个点拾振，从式（2-12）可以得 n 条幅频曲线 $\left| H^{rp}(\omega) \right|$（$r=1,2,\cdots,n$）第 i 阶模态下的 n 个幅值，通过各幅值的比值确定第 i 阶标准振型；振型向量的正负可根据第 i 阶频率 ω_i 在 n 条相频曲线 $\theta^{rp}(\omega)$ 的相位角度来判断，同相为正，反相为负。

2.2.1.3　自功率谱密度函数代替频率响应函数

对于环境激励，由于（2-3）式右边的分母项没有测试，因此频响函数失去意义。峰值拾取法则利用响应的自功率谱密度来代替频响函数识别结构的模态参数，结构的频率就由平均正则化了的自功率谱密度曲线上的峰值来确定，自功率谱密度是将实测的加速度数据利用离散傅里叶变换转换到频域后直接求得的[70]。

峰值拾取法通过求解频率处的传递函数值获取振型分量。环境激励下，由于激励未知，因此传递函数不再是响应与输入的比值，而是所测加速度响应与参考点加速度响应的比值。该方法利用半功率带宽法识别系统的阻尼比。

峰值拾取法识别速度快，方法简单，但是不能识别密集模态，而且识别阻尼比误差较大[70]。

2.2.2　频域分解法

频域分解法的主要思想是：对响应的功率谱进行奇异值分解，将功率谱分解为对应多阶模态的一组单自由度系统的功率谱。该方法识别模态参数精度高，有一定的抗干扰能力。具体原理如下：

设未知激励为 $u(t)$，结构的输出响应为 $y(t)$，则对欠阻尼结构有以下变换公式：

$$G_y(j\omega) = \overline{H}(j\omega)G_x(j\omega)H(j\omega)^T = \sum_{m \in sub(\omega)} \left(\frac{c_m\varphi_m\varphi_m^T}{j\omega - \lambda_m} + \frac{\overline{c}_m\overline{\varphi}_m\overline{\varphi}_m^T}{j\omega - \overline{\lambda}_m} \right)$$

$$(2-13)$$

式中，$G_x(j\omega)$ 为输入的功率谱矩阵，$G_y(j\omega)$ 为响应的功率谱矩阵，$H(j\omega)$ 为频率响应函数矩阵，$\overline{H}(j\omega)$ 为 $H(j\omega)$ 的共轭。当 m 一定时 c_m 为常数；λ_m 为

第 m 阶特征值，$\omega = \omega_i$ 时，从（2-13）式中估算出 $G_y(j\omega)$，然后对其进行奇异值分解：

$$G_y(j\omega_i) = U_i S_i U_i^T \qquad (2-14)$$

式中，$U_i = [U_{i1}, U_{i2}, \cdots, U_{im}]$，当第 m 阶模态为主时，式（2-13）只有一项。因此振型就是 $\varphi = U_{i1}$，频率和阻尼比从对应的单自由度相关函数的对数衰减中求得。

频域分解法假定激励为白噪声，是峰值拾取法的延伸[71]，克服了峰值拾取法的缺点。

2.3 环境激励下结构模态参数识别的时域方法

时域法是直接利用环境激励测试得到的结构动力响应数据求得结构的模态参数。

2.3.1 ITD 法

ITD 法[72]的基本思想是：以黏性阻尼线性多自由度系统的自由衰减响应可以表示为结构各阶模态的组合理论为基础，将同时测得的各测点的自由响应（位移、速度、加速度三者之一），进行三次不同延时的采样，构造自由响应采样数据的增广矩阵，并由自由响应与特征值之间的复指数关系，建立特征矩阵的数学模型，求其特征值问题，最后根据模型的特征值与系统特征值之间的关系，求解得到结构的模态参数。

假设系统共有 m 个实际测点，测试得到 m 维自由振动函数向量：

$$x(t) = \sum_{i=1}^{n} (\alpha_i \varphi_i e^{\lambda_i t} + \bar{\alpha}_i \varphi_i e^{\bar{\lambda}_i t}) + \xi(t) \qquad (2-15)$$

式中，字母上加一横表示共轭复数，φ_i 为对应 m 个实际测点的复振型向量，λ_i 为对应 φ_i 的复频率，α_i 为复常数，n 代表振动中包含的共轭复数模态对数，$\xi(t)$ 为 m 维测量噪声向量。

对 $x(t)$ 进行数据拟合求 λ_i、φ_i 和 n。对测量噪声 $\xi(t)$ 用一批共轭"噪声模态"来拟合，则有：

$$\xi(t) = \sum_{i=n+1}^{n} (\alpha_i \varphi_i e^{\lambda_i t} + \bar{\alpha}_i \varphi_i e^{\bar{\lambda}_i t}) \qquad (2-16)$$

（2-16）式代入（2-15）式得：

$$x(t) = \sum_{i=1}^{N} (\alpha_i \varphi_i e^{\lambda_i t} + \bar{\alpha}_i \varphi_i e^{\bar{\lambda}_i t}) + \sum_{i=1}^{2N} \alpha_i \varphi_i e^{\lambda_i t} = \varphi w(t) (N > n)$$

$$(2-17)$$

式中，$\varphi = (\varphi_1, \varphi_2, \cdots, \varphi_{2N})$，$w(t) = (\alpha_1 e^{\lambda_1 t}, \alpha_2 e^{\lambda_2 t}, \cdots, \alpha_{2N} e^{\lambda_{2N} t})^T$，$\varphi_{i+N} = \varphi_i$，$\lambda_{i+N} = \lambda_i$，$\alpha_{i+N} = \bar{\alpha}_i (i = 1, 2, \cdots, N)$。

假定时移为 T_2，由上式可得无穷维向量函数 $X(t)$：

$$X(t) = \begin{bmatrix} x(t) \\ x(t+T_2) \\ x(t+2T_2) \\ \vdots \end{bmatrix} = \begin{bmatrix} \varphi \\ \varphi[e^{\lambda_i T_2}] \\ \varphi[e^{\lambda_i 2T_2}] \\ \vdots \end{bmatrix} w(t) \qquad (2-18)$$

取 $X(t)$ 的 N 维子向量，记为 $y(t)$：

$$y(t) = \begin{bmatrix} x(t) \\ x(t+T_2) \\ x(t+2T_2) \\ \vdots \end{bmatrix} = \theta w(t) \qquad (2-19)$$

式中，$\theta = \begin{bmatrix} \varphi \\ \varphi[e^{\lambda_i T_2}] \\ \varphi[e^{\lambda_i 2T_2}] \\ \vdots \end{bmatrix} \in \Re^{N \times 2N}$。

如果时移为 T_3，由（2-19）式可得 $2N$ 维向量函数 $u(t)$：

$$u(t) = \begin{bmatrix} y(t) \\ y(t+T_3) \end{bmatrix} = \phi w(t) \qquad (2-20)$$

式中，$\phi = \begin{bmatrix} \theta \\ \theta[e^{\lambda_i T_3}] \end{bmatrix} \in \Re^{2N \times 2N}$。

如果时移为 T_1，由（2-20）式可得

$$u(t+T_1) = \phi[e^{\lambda_i T_1}] w(t) \qquad (2-21)$$

假设方阵 ϕ 是满秩的，由（2-20）式解出 $w(t)$，代入（2-21）式得：

$$u(t+T_1) = \phi[e^{\lambda_i T_1}] \phi^{-1} u(t) = Au(t) \qquad (2-22)$$

$$A = \phi[e^{\lambda_i T_1}] \phi^{-1} \qquad (2-23)$$

式（2-23）表明，A 的特征值是 $e^{\lambda_i T_1}$，A 的特征向量为 ϕ_i，待识别的复振型向量 ϕ_i 即为它的前 m 个子向量。

ITD 法起源于 20 世纪 70 年代，该方法需要预先获得结构的自由振动响

应，一般与其他方法联合使用[70]。

2.3.2　随机减量法

随机减量法是为试验模态参数时域识别方法提供预处理自由衰减振动信号数据的，一般结合 ITD 法使用。首先从结构的动力响应信号中提取结构的自由衰减振动信号，然后利用 ITD 法识别系统的动力参数。随机减量法已被广泛应用于工程结构中[73-75]。随机减量法的原理简要总结如下：

一线性定常系统，假定随机激励为 $F(t)$，输出动力响应为 $X(t)$，系统的状态方程为：

$$\begin{cases} \dot{X} = AX(t) + BF(t) \\ X(t_0) = X_0 \end{cases} \qquad (2-24)$$

式中，A、B 为状态方程的系数矩阵。在随机激励 $F(t)$ 下系统的响应 $X(t)$ 为：

$$X(t) = e^{A(t-t_0)}X_0 + \int_0^\tau e^{A(t-\tau)}BF(\tau)d\tau \qquad (2-25)$$

（2-25）式中，第一项为系统的自由响应，它与激励无关，完全由系统自身特性决定；第二项与激励有关。假设激励为平稳随机激励，则通过平均可以去除第二项。假设 X_s 为起始采样值，将随机响应信号分成 N 个相等可重迭的样本，每一样本起始采样值均取 $X_s = X(t_k)(k=1,2,\cdots,N)$，$t_k$ 为第 k 个样本的起始采样时刻，τ 代表延时，对上述 N 个样本进行平均得到以下公式：

$$P(\tau) = \frac{1}{N}\sum_{k=1}^{N}X(t_k + \tau) \qquad (2-26)$$

当 $N \to \infty$ 或 N 非常大时，可近似认为 $P(\tau)$ 等于（2-25）式的第一项，即系统自由响应信号。对不同的延时 τ，$P(\tau)$ 有不同的值。

随机减量法仅适用于白噪声激励的情况，通过该方法获得结构的自由响应后，再利用其他方法（如 ITD 法）进行模态参数识别[70]。

2.3.3　自然激励技术法

自然激励技术法简称 NExT，为一种时域识别方法，该方法是将互相关函数与传统时域模态识别方法相结合进行结构工作模态分析的方法。它的基本原理是：利用响应之间的互相关函数代替结构的自由振动响应或脉冲响应函数进行环境激励下结构模态参数辨识[76]。该方法识别结构模态参数的原理如下：

一具有 n 个自由度的线性系统，当系统的 k 点受脉冲激励，i 点的脉冲响应 $x_{ik}(t)$ 写成如下公式：

$$x_{ik} = \sum a_{ikm} \exp(-\xi_m \omega_m t) \sin(\omega_{dm} t) \qquad (2-27)$$

式中，$\omega_{dm} = \omega_m \sqrt{1-\zeta}$，$\zeta_{dm}$ 为系统的第 m 阶阻尼比，ω_m 为系统的第 m 阶圆频率，ω_{dm} 为系统的第 m 阶有阻尼圆频率，a_{ikm} 为一常数。

当系统在 k 点受白噪声激励，i 点的响应 $x_{ik}(t)$ 与 j 点的响应 $x_{jk}(t)$ 的互相关函数 $R_{ijt}(\tau)$ 表达为：

$$R_{ijk} = E[x_{ik}(t+\tau)x_{jk}(t)] = \sum_{m=1}^{n} b_{ikm} \exp(-\zeta_m \omega_m \tau) \sin(\omega_{dm}\tau + \theta_m)$$

$$(2-28)$$

式中，E 为数学期望算子，τ 为采样时间间隔，θ_m 表示 m 阶相位角，b_{ikm} 为一常数。

当系统有 N 个点受白噪声激励，系统 i 点的响应和 j 点的响应之间的互相关函数 $R_{ijt}(\tau)$ 为：

$$R_{ij}(\tau) = \sum_{m=1}^{n} c_{ikm} \exp(-\zeta_m \omega_m \tau) \sin(\omega_{dm}\tau + \theta_m) \qquad (2-29)$$

式中，θ_m 为第 m 阶相位角，c_{ikm} 为一常数。

从上面方程可以看出，线性系统在白噪声激励下，两点之间的响应互相关函数和脉冲激励下脉冲响应函数具有相同的数学表达式，因此可以用响应互相关函数代替脉冲响应函数与传统模态识别方法相结合进行环境激励下结构的模态参数识别。

NExT 法假设激励为白噪声，对输出的环境噪声有一定的抗干扰能力。但是 NExT 法仅限于白噪声激励下进行模态参数识别，而且 NExT 法在识别结构的动力参数时需要借助其他模态分析方法的公式，而没有自己的计算公式，因此应用不同的识别方法，识别结果的精度也不同[39]。

2.3.4　时间序列分析法

时间序列分析法简称时序分析法，它是对随时间变化而又相互关联的动态数据信号进行分析、研究和处理的一种方法[77]。文献［78］、［79］中给出了时间序列法的计算原理，并将该方法应用于实际工程结构。时间序列是由动态数据信号按照某种顺序先后排列而成的一系列数据，排序方式可以按照时间的先后或空间的先后或其他某种物理顺序。序列的有序性反映了动态数据之间的相互联系和变化规律，蕴含着产生这一数据序列的现象、过程或系统自身的特性。从系统分析角度来看，如果将动态数据信号作为某一系统的输出，则这一输出包含三方面的信息：①系统自身的固有属性；②与系统有关的外界特性，即外界输入；③外界输入与系统的相互关系。利用时序分析法研究、分析、处理动态数据信号，正是为了揭示数据自身的结构与规律，从而了解系统的固有特性，明确系统与外界的联系，推断并预测数据与系统的未来情况。

20 世纪 70 年代中期，美籍华人吴贤铭和 Pandit 将时序分析法成功用于机械制造业，对时序分析法的数学方法赋予了清晰的物理概念，讨论并阐述了时序模型方程与振动微分方程之间的关系[80]。模态参数识别中的时序分析法使用的数学模型主要包括：AR 自回归模型、MA 滑动平均模型、ARMA 自回归滑动平均模型。以下给出 ARMA(p,q) 模型的定义，并由 ARMA(p,q) 推导 AR(p) 模型和 MA(q) [81]。

作如下规定：

随机信号 $x(t)$ 与时间 t 有关，采样时间间隔为 h，定义 $x_k = x(k.h)$（$k = 0,1,2,\cdots$），在以下推导过程中用 x_t 表示 x_k，$t = k = 0,1,2,\cdots$

满足平稳、正态分布、零均值的时间序列 $\{x_t\}$，如果 x_t 的值不仅与它的前 n 个时间步的 $x_{t-1}, x_{t-2}, x_{t-3}, \cdots, x_{t-n}$ 有关，而且还与前 q 时间步的干扰 α_{t-1}，$\alpha_{t-2}, \alpha_{t-3}, \cdots, \alpha_{t-q}$ 有关，则按照多元线性回归的思想得到一般的 ARMA(p,q) 模型：

$$x_t = \phi_1 x_{t-1} + \phi_2 x_{t-2} + \cdots + \phi_p x_{t-p} - \theta_1 \alpha_{t-1} - \theta_2 \alpha_{t-2} - \cdots - \theta_q \alpha_{t-q} + \alpha_t$$

$$(2-30)$$

（2-30）式中，α_t 是均值为 0，方差为 σ_2 的正态随机变量，不同的时间 t，α_t 之间相互独立；$\phi_1, \phi_2, \cdots, \phi_p$ 为模型参数；$\theta_1, \theta_2, \cdots, \theta_q$ 也是模型参数；p, q 为正整数。（2-30）式表示一个 p 阶自回归 q 阶滑动平均模型，p 和 q 分别表示模型的阶数。

ARMA(p,q) 模型将 x_t 分解为确定性部分和随机性部分，确定性部分由 x_t 在 t 时刻的数学期望 $E(x_t)$ 确定：

$$E(x_t) = \sum_{i=1}^{p} \phi_i x_{t-i} - \sum_{j=1}^{q} \theta_j \alpha_{t-j} \qquad (2-31)$$

在模型（2-30）中，当系数 $\theta_j = 0$ 时，则模型中没有滑动平均部分，成

为 p 阶自回归模型 AR(p)：

$$x_t = \phi_1 x_{t-1} + \phi_2 x_{t-2} + \cdots + \phi_p x_{t-p} + \alpha_t \qquad (2-32)$$

在模型（2-30）中，当系数 $\phi_i = 0$ 时，则模型中没有自回归部分，成为 q 阶滑动平均模型 MA(q)：

$$x_t = -\theta_1 \alpha_{t-1} - \theta_2 \alpha_{t-2} - \cdots - \theta_q \alpha_{t-q} + \alpha_t \qquad (2-33)$$

时间序列法识别结构模态参数的优点是：无能量泄漏、识别精度较高[70]，但是模型定阶问题仍需进一步研究。

2.3.5　经验模态函数分解法

经验模态函数分解法简称 EMD 法，它是利用 NExT 法求得的结构的动力响应与结构模态函数的固有关系进行参数识别的一种方法，它的核心是从时程数据中提取本征模态函数，然后利用 Hilbert 变换求得系统的模态参数[39]。国内外许多专家学者致力于该方法的研究并利用该方法进行工程结构的模态参数识别。下面以一个 n 自由度的线性系统为例给出该方法的基本原理和过程：

对于一具有 n 个自由度的线性系统，用白噪声激励下的动力响应相关函数代替脉冲响应函数，则结构 p 点的加速度响应表示为：

$$\ddot{x}_p(t) = \sum_{j=1}^{n} \ddot{x}_{pj}(t) = \sum_{j=1}^{n} \varphi_{pj} \ddot{q}_j(t) \qquad (2-34)$$

（2-34）式中，$\ddot{x}_p(t)$ 为结构任意一点的加速度响应 $p = (1,\cdots,n)$，φ_{pj} 为 p 点的第 j 阶模态振型向量值，$\ddot{q}_j(t)$ 为第 j 阶模态坐标。

从理论上讲，$\ddot{x}_p(t)$ 包含 n 阶模态，不能直接用 Hilbert 变换进行模态参数提取。对 $\ddot{x}_p(t)$ 进行模态函数分解（EMD），求得结构的本征模态函数（IMF），以下是 EMD 分解的过程：

（1）找到原始数据序列 $x(t)$ 的所有局部极大值。为了更好地保留原始数据序列的自身特性，局部极大值定义为时间序列中某一时刻的值，其前一时刻和后一时刻的值都不比它大。

（2）用三次样条函数对局部极大值序列进行拟合。得到原始数据序列的上下包络线 $x_{\max}(t)$、$x_{\min}(t)$。

（3）对上下包络线上每个时刻的值取平均，得到瞬时平均值 m_1：

$$m_1 = \frac{x_{\max}(t) + x_{\min}(t)}{2} \qquad (2-35)$$

（4）用 $x(t)$ 减去 m_1 得到：

$$h_1 = x(t) - m_1 \qquad (2-36)$$

如果 h_1 满足如下两个条件：

①在整个数据范围内，极值点的数目和过 0 点的数目相等或者最多相差一个；

②在任何点处，所有极大值点形成的上包络线 $x_{max}(t)$ 和所有极小值点形成的下包络线 $x_{min}(t)$ 的平均值始终为 0。

则 h_1 为第一阶本征模态函数，如果 h_1 不满足上述两个条件，则将 h_1 看成新的时间序列，重复上述步骤，直到 h_1 满足①②两个条件为止，从原始信号中分离出 $C_1 = h_1$：

$$x(t) - C_1 = r_1(t) \qquad (2-37)$$

（5）把 $r_1(t)$ 看作新的原始序列，重复上述步骤，依次提取各阶本征模态函数。直到剩余分量变成一个单调序列。

按照 EMD 分解法，$\ddot{x}_p(t)$ 表达成如下的公式：

$$\ddot{x}_p(t) = \sum_{j=1}^{n} c_{pj}(t) + r_{pm}(t) \qquad (2-38)$$

（2-38）式中，$c_{pj}(t)$ 为系统的本征模态函数，$r_{pm}(t)$ 是余项，不包含系统的模态信息，可认为是趋势项或常数。对得到的 $c_{pj}(t)$ 进行 Hilbert 变换，就可以得到结构的模态固有频率、阻尼比等动力参数。

经验模态函数分解法在提取本征模态函数的过程中，通常需要经验判断或附加一定的条件才能实现每次提取系统某一阶本征模态函数，因此该方法还需要进一步研究。

2.3.6　随机子空间方法

随机子空间方法是于 1995 年由 B. Peeters 等人首次提出的[82]。1996 年，Peter Van Overschee 等[83]将振动系统分为确定系统、随机系统和确定—随机系统，利用随机子空间方法进行了这三类系统的模态参数识别。图 2-3 给出了这三类系统的示意图。以下为具体解释随机子空间方法识别这三类系统的基本原理和方法：

定义系统矩阵 $A \in \Re^{n \times n}$，$B \in \Re^{n \times m}$，$C \in \Re^{l \times n}$，$D \in \Re^{l \times m}$。状态协方差矩阵 $\sum$，输出协方差矩阵 Λ_i，状态输出协方差矩阵 G。输入为 u_k，输出为 y_k。过程噪声为 w_k，测量噪声为 v_k。第 k 时刻的状态序列 x_k，第 $k+1$ 时刻的状态序列 x_{k+1}。系统阶数用 n 表示。δ_{pq} 为克罗内克符号。可观测矩阵 Γ_i，

可控矩阵 Δ_i。W_1、W_2 为加权矩阵。$(\cdot)^T$ 表示 $\cdot$ 的共轭转置，$(\cdot)^\nabla$ 表示对 $\cdot$ 求广义逆，$E[\cdot]$ 表示计算 $\cdot$ 的数学期望。各符号的上标 d 代表确定系统，上标 s 代表随机系统，上标 c 代表协方差。

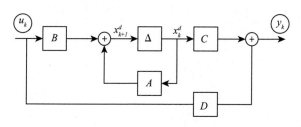

（a）确定系统

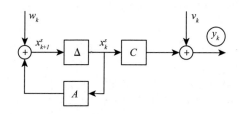

（b）随机系统

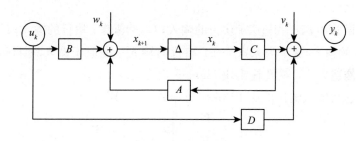

（c）确定—随机系统

图 2-3 振动系统分类

2.3.6.1 确定系统

如图 2-3（a）所示，已知 m 个输入 u_k 和 l 个输出 y_k，认为过程噪声 $w_k = 0$，测量噪声 $v_k = 0$。构建状态空间模型为：

$$\begin{cases} x_{k+1}^d = Ax_k^d + Bu_k \\ y_k = Cx_k^d + Du_k \end{cases} \tag{2-39}$$

利用 u_k 构建输入块 Hankel 矩阵 $U_{0|2i-1}$，它有两种表达方式：

$$U_{0|2i-1} = \begin{pmatrix} u_0 & u_1 & u_2 & \cdots & u_{j-1} \\ u_1 & u_2 & u_3 & \cdots & u_j \\ \cdots & \cdots & \cdots & \cdots & \cdots \\ u_{i-1} & u_i & u_{i+1} & \cdots & u_{i+j-2} \\ u_i & u_{i+1} & u_{i+2} & \cdots & u_{i+j-1} \\ u_{i+1} & u_{i+2} & u_{i+3} & \cdots & u_{i+j} \\ \cdots & \cdots & \cdots & \cdots & \cdots \\ u_{2i-1} & u_{2i} & u_{2i+1} & \cdots & u_{2i+j-2} \end{pmatrix} = \left(\frac{U_{0|i-1}}{U_{i|2i-1}} \right) = \left(\frac{U_p}{U_f} \right)$$

$$(2-40)$$

$$\text{或 } U_{0|2i-1} = \begin{pmatrix} u_0 & u_1 & u_2 & \cdots & u_{j-1} \\ u_1 & u_2 & u_3 & \cdots & u_j \\ \cdots & \cdots & \cdots & \cdots & \cdots \\ u_{i-1} & u_i & u_{i+1} & \cdots & u_{i+j-2} \\ u_i & u_{i+1} & u_{i+2} & \cdots & u_{i+j-1} \\ u_{i+1} & u_{i+2} & u_{i+3} & \cdots & u_{i+j} \\ u_{i+2} & u_{i+3} & u_{i+4} & \cdots & u_{i+j+1} \\ u_{i+3} & u_{i+4} & u_{i+5} & \cdots & u_{i+j+2} \\ \cdots & \cdots & \cdots & \cdots & \cdots \\ u_{2i-1} & u_{2i} & u_{2i+1} & \cdots & u_{2i+j-2} \end{pmatrix} = \left(\frac{U_{0|i}}{U_{i+1|2i-1}} \right) = \left(\frac{U_p^+}{U_f^-} \right)$$

$$(2-41)$$

上面两式中，U_p 为过去 i 块行的输入，U_f 为未来 i 块行的输入；U_p^+ 为过去 $i+1$ 块行的输入，U_f^- 为未来 $i-1$ 块行的输入。类似于输入块 Hankel 矩阵 $U_{0|2i-1}$ 的构造方式，构造输出块 Hankel 矩阵 $Y_{0|2i-1}$。

定义包含输入输出的块 Hankel 矩阵 $W_{0|i-1}$、$W_{0|i}$：

$$W_{0|i-1} = \begin{bmatrix} U_{0|i-1} \\ Y_{0|i-1} \end{bmatrix} = \begin{bmatrix} U_p \\ Y_p \end{bmatrix} = W_p \qquad (2-42)$$

$$W_{0|i} = \begin{bmatrix} U_{0|i} \\ Y_{0|i} \end{bmatrix} = \begin{bmatrix} U_p^+ \\ Y_p^+ \end{bmatrix} = W_p^+ \qquad (2-43)$$

定义状态序列

$$X_i^d = \begin{pmatrix} x_i^d & x_{i+1}^d & \cdots & x_{i+j-2}^d & x_{i+j-1}^d \end{pmatrix} \in \Re^{n \times j} \qquad (2-44)$$

用 X_p^d 表示过去状态序列，X_f^d 表示未来状态序列，则有：

$$X_p^d = X_0^d, X_f^d = X_i^d \qquad (2-45)$$

对与系统矩阵有关的矩阵做如下定义：

可观测矩阵 Γ_i

$$\Gamma_i = \begin{bmatrix} C \\ CA \\ CA^2 \\ \cdots \\ CA^{i-1} \end{bmatrix} \in \Re^{li \times n} \qquad (2-46)$$

可控矩阵 Δ_i^d

$$\Delta_i^d = (A^{i-1}B \quad A^{i-2}B \quad \cdots \quad AB \quad B \quad) \in \Re^{n \times mi} \quad (2-47)$$

下三角矩阵 H_i^d

$$H_i^d = \begin{bmatrix} D & 0 & 0 & \cdots & 0 \\ CB & D & 0 & \cdots & 0 \\ CAB & CB & D & \cdots & 0 \\ \cdots & \cdots & \cdots & \cdots & \cdots \\ CA^{i-2}B & CA^{i-3}B & CA^{i-4}B & \cdots & D \end{bmatrix} \in \Re^{li \times mi} \quad (2-48)$$

根据 De Moor B[84] 的研究，系统的输入、输出之间有如下的关系表达式：

$$\begin{cases} Y_p = \Gamma_i X_p^d + H_i^d U_p \\ Y_f = \Gamma_i X_f^d + H_i^d U_f \\ X_f^d = A^i X_p^d + \Delta_i^d U_p \end{cases} \qquad (2-49)$$

定义斜投影矩阵 O_i 和 O_{i-1}：

$$O_i = Y_{f/U_f} \boldsymbol{W_p}, O_{i-1} = Y_f^- / U_f^- \boldsymbol{W_p^+} \qquad (2-50)$$

斜投影矩阵 O_i 与可观测矩阵 Γ_i、未来状态序列 X_f^d 有如下关系式：

$$O_i = \Gamma_i X_f^d \qquad (2-51)$$

至此，将确定系统的模态参数识别步骤总结如下：

（1）计算斜投影矩阵 O_i 和 O_{i-1}；

（2）对斜投影矩阵 O_i 进行加权奇异值分解：

$$W_1 O_i W_2 = USV^T = (U_1 \quad U_2) \begin{bmatrix} S_1 & 0 \\ 0 & 0 \end{bmatrix} \begin{bmatrix} V_1^T \\ V_2^T \end{bmatrix} = U_1 S_1 V_1^T$$

$$(2-52)$$

（3）确定系统阶数，从而利用（2-52）式获得 U_1 和 S_1；

（4）根据如下公式确定可观测矩阵 Γ_i 和 Γ_{i-1}：

$$\Gamma_i = W_1^{-1} U_1 S_1^{1/2}, \Gamma_{i-1} = \Gamma_i \qquad (2-53)$$

式中 Γ_i 为划掉 Γ_i 的最后 l 行得到的；

（5）确定状态序列 X_i^d 和 X_{i+1}^d：

$$X_i^d = \Gamma_i^\nabla O_i \qquad X_{i+1}^d = \Gamma_{i-1}^\nabla O_{i-1} \qquad (2-54)$$

（6）求解如下线性方程组得到系统矩阵 A、B、C 和 D；

$$\begin{bmatrix} X_{i+1}^d \\ Y_{i|i} \end{bmatrix} = \begin{pmatrix} A & B \\ C & D \end{pmatrix} \begin{pmatrix} X_i^d \\ U_{i|i} \end{pmatrix} \qquad (2-55)$$

（7）求解系统矩阵的特征值问题得到系统的频率、阻尼比和振型。

2.3.6.2 随机系统

如图 2-3（b）所示，认为系统没有外部输入，即 $u_k = 0$。有 l 个输出 $y_k \in \Re^l$，则随机系统的状态空间模型为：

$$\begin{bmatrix} x_{k+1}^s = Ax_k^s + w_k \\ y_k = Cx_k^s + v_k \end{bmatrix} \qquad (2-56)$$

式中 w_k、v_k 为零均值白噪声序列，他们的协方差表示如下：

$$E \left[\begin{bmatrix} w_p \\ v_p \end{bmatrix} (w_q^T \quad v_q^T) \right] = \begin{pmatrix} Q & S \\ S^T & R \end{pmatrix} \delta_{pq} \qquad (2-57)$$

利用 y_k 构建输出块 Hankel 矩阵 $Y_{0|2i-1}$，它有两种表达方式：

$$Y_{0|2i-1} = \begin{pmatrix} y_0 & y_1 & y_2 & \cdots & y_{j-1} \\ y_1 & y_2 & y_3 & \cdots & y_j \\ \cdots & \cdots & \cdots & \cdots & \cdots \\ y_{i-1} & y_i & y_{i+1} & \cdots & y_{i+j-2} \\ y_i & y_{i+1} & y_{i+2} & \cdots & y_{i+j-1} \\ y_{i+1} & y_{i+2} & y_{i+3} & & y_{i+j} \\ \cdots & \cdots & \cdots & & \cdots \\ y_{2i-1} & y_{2i} & y_{2i+1} & \cdots & y_{2i+j-2} \end{pmatrix} = \left(\frac{Y_{0|i-1}}{Y_{i|2i-1}} \right) = \left(\frac{Y_p}{Y_f} \right)$$

$$(2-58)$$

或 $$Y_{0|2i-1} = \begin{pmatrix} y_0 & y_1 & y_2 & \cdots & y_{j-1} \\ y_1 & y_2 & y_3 & \cdots & y_j \\ \cdots & \cdots & \cdots & \cdots & \cdots \\ y_{i-1} & y_i & y_{i+1} & \cdots & y_{i+j-2} \\ y_i & y_{i+1} & y_{i+2} & \cdots & y_{i+j-1} \\ y_{i+1} & y_{i+2} & y_{i+3} & \cdots & y_{i+j} \\ y_{i+2} & y_{i+3} & y_{i+4} & & y_{i+j+1} \\ y_{i+3} & y_{i+4} & y_{i+5} & & y_{i+j+2} \\ \cdots & \cdots & \cdots & & \cdots \\ y_{2i-1} & y_{2i} & y_{2i+1} & \cdots & y_{2i+j-2} \end{pmatrix} = \left(\frac{Y_{0|i}}{Y_{i+1|2i-1}} \right) = \left(\frac{Y_p^+}{Y_f^-} \right)$$

$$(2-59)$$

上面两式中，Y_p 为过去 i 块行的输入，Y_f 为未来 i 块行的输入；Y_p^+ 为过去 $i+1$ 块行的输入，Y_f^- 为未来 $i-1$ 块行的输入。

定义状态协方差矩阵 $\sum^s$，输出协方差矩阵 Λ_i，状态输出协方差矩阵 G：

$$\sum\nolimits^s = E[x_{k+1}^s (x_{k+1}^s)^T] = A\sum\nolimits^s A^T + Q \qquad (2-60)$$

$$\Lambda_i = E[y_{k+i} y_k^T] \qquad (2-61)$$

$$G = E[x_{k+1}^s y_k^T] = A\sum\nolimits^s C^T + S \qquad (2-62)$$

由（2-61）式得到

$$\Lambda_0 = C\sum\nolimits^s C^T + R \qquad (2-63)$$

利用以上各式可以推导得到

$$\Lambda_i = CA^{i-1}G \qquad (2-64)$$

定义

$$\Lambda_{-i} = G^T (A^{i-1})^T C^T \qquad (2-65)$$

对与系统矩阵有关的矩阵做如下定义：

可观测矩阵 Γ_i 如（2-46）式，随机可控矩阵 Δ_i^c 为：

$$\Delta_i^c = (A^{i-1}G \quad A^{i-2}G \quad \cdots \quad AG \quad G) \in \Re^{n \times li} \qquad (2-66)$$

由（2-64）式的输出协方差矩阵 Λ_i 构成的块矩阵 C_i 为

$$C_i = \begin{pmatrix} \Lambda_i & \Lambda_{i-1} & \cdots & \Lambda_2 & \Lambda_1 \\ \Lambda_{i+1} & \Lambda_i & \cdots & \Lambda_3 & \Lambda_2 \\ \Lambda_{i+2} & \Lambda_{i+1} & \cdots & \Lambda_4 & \Lambda_3 \\ \cdots & \cdots & \cdots & \cdots & \cdots \\ \Lambda_{2i-1} & \Lambda_{2i-2} & \cdots & \Lambda_{i+1} & \Lambda_i \end{pmatrix} \in \Re^{li \times li} \qquad (2-67)$$

$$L_i = \begin{pmatrix} \Lambda_0 & \Lambda_{-1} & \Lambda_{-2} & \cdots & \Lambda_{1-i} \\ \Lambda_1 & \Lambda_0 & \Lambda_{-1} & \cdots & \Lambda_{2-i} \\ \Lambda_2 & \Lambda_1 & \Lambda_0 & \cdots & \Lambda_{3-i} \\ \cdots & \cdots & \cdots & \cdots & \cdots \\ \Lambda_{i-1} & \Lambda_{i-2} & \Lambda_{i-3} & \cdots & \Lambda_0 \end{pmatrix} \in \Re^{li \times li} \qquad (2-68)$$

定义正交投影矩阵 O_i 和 O_{i-1}：

$$O_i = Y_f / \boldsymbol{Y_p}, O_{i-1} = Y_f^- / \boldsymbol{Y_p^+} \qquad (2-69)$$

至此，将随机系统的模态参数识别步骤总结如下：

（1）计算正交投影矩阵 O_i 和 O_{i-1}；

（2）对正交投影矩阵 O_i 进行加权奇异值分解：

$$W_1 O_i W_2 = USV^T = (U_1 \quad U_2) \begin{bmatrix} S_1 & 0 \\ 0 & 0 \end{bmatrix} \begin{bmatrix} V_1^T \\ V_2^T \end{bmatrix} = U_1 S_1 V_1^T$$

$$(2-70)$$

（3）确定系统阶数，从而利用（2-70）式获得 U_1 和 S_1；

（4）根据如下公式确定可观测矩阵 Γ_i 和 Γ_{i-1}：

$$\Gamma_i = W_1^{-1} U_1 S_1^{1/2}, \Gamma_{i-1} = \overline{\Gamma_i} \qquad (2-71)$$

式中 $\overline{\Gamma_i}$ 为划掉 Γ_i 的最后 l 行得到的；

（5）确定状态序列 $\hat{X}_i$ 和 $\hat{X}_{i+1}$：

$$\hat{X}_i = \Gamma_i^{\nabla} O_i, \hat{X}_{i+1} = \Gamma_{i-1}^{\nabla} O_{i-1} \qquad (2-72)$$

（6）求解如下线性方程组得到系统矩阵 A 和 C；

$$\begin{bmatrix} A \\ C \end{bmatrix} = \begin{bmatrix} \hat{X}_{i+1} \\ Y_{i|i} \end{bmatrix} \hat{X}_i^{\nabla} \qquad (2-73)$$

（7）求解系统矩阵的特征值问题得到系统的频率、阻尼比和振型。

2.3.6.3　确定—随机系统

如图 2-3（c）所示，确定—随机系统将输入、输出和噪声均考虑在内，其状态空间模型为：

$$\begin{cases} x_{k+1} = Ax_k + Bu_k + w_k \\ y_k = Cx_k + Du_k + v_k \end{cases} \qquad (2-74)$$

式中，w_k、v_k 为零均值白噪声序列，满足（2-57）式。可以对（2-74）式分解为确定系统和随机系统两部分，下面给出分解过程：

由

$$\begin{cases} x_k = x_k^d + x_k^s \\ y_k = y_k^d + y_k^s \end{cases} \qquad (2-75)$$

得到

$$\begin{cases} x_{k+1} = x_{k+1}^d + x_{k+1}^s \\ y_k = y_k^d + y_k^s \end{cases} \qquad (2-76)$$

将（2-75）和（2-76）两式代入到（2-74）式中得到：

$$\begin{cases} x_{k+1}^d + x_{k+1}^s = A(x_k^d + x_k^s) + Bu_k + w_k = (Ax_k^d + Bu_k) + (Ax_k^s + w_k) \\ y_k^d + y_k^s = C(x_k^d + x_k^s) + Du_k + v_k = (Cx_k^d + Du_k) + (Cx_k^s + v_k) \end{cases}$$

$$(2-77)$$

从（2-77）式可以看出确定—随机系统的状态空间模型为确定系统状态空间模型和随机系统状态空间模型的叠加。

确定—随机系统的输入、输出之间有如下的关系表达式：

$$\begin{cases} Y_p = \Gamma_i X_p^d + H_i^d U_p + Y_p^s \\ Y_f = \Gamma_i X_f^d + H_i^d U_f + Y_f^s \\ X_f^d = A^i X_p^d + \Delta_i^d U_p \end{cases} \tag{2-78}$$

定义投影矩阵 O_i、Z_i 和 Z_{i+1}：

$$O_i = Y_f/_{U_f} \boldsymbol{W_p}, Z_i = Y_f \left/ \begin{pmatrix} \boldsymbol{W_p} \\ \boldsymbol{U_f} \end{pmatrix} \right., Z_{i+1} = Y_f^- \left/ \begin{pmatrix} W_p^+ \\ U_f^- \end{pmatrix} \right. \tag{2-79}$$

定义如下矩阵：

$$\kappa = \begin{pmatrix} (B \mid \Gamma_{i-1}^\nabla H_{i-1}^d) - A\Gamma_i^\nabla H_i^d \\ (D \mid 0) - C\Gamma_i^\nabla H_i^d \end{pmatrix} = \begin{pmatrix} \kappa_{1|1} & \kappa_{1|2} & \cdots & \kappa_{1|i} \\ \kappa_{2|1} & \kappa_{2|2} & \cdots & \kappa_{2|i} \end{pmatrix} \tag{2-80}$$

$$L = \begin{pmatrix} A \\ C \end{pmatrix} \Gamma_i^\nabla = \begin{pmatrix} L_{1|1} & L_{1|2} & \cdots & L_{1|i} \\ L_{2|1} & L_{2|2} & \cdots & L_{2|i} \end{pmatrix} \in \Re^{(n+l)\times li} \tag{2-81}$$

$$M = \Gamma_{i-1}^\nabla = (M_1 \quad M_2 \quad \cdots \quad M_{i-1}) \in \Re^{n\times l(i-1)} \tag{2-82}$$

可以推导出如下的关系式：

$$\begin{pmatrix} \kappa_{1|1} \\ \kappa_{1|2} \\ \kappa_{1|3} \\ \cdots \\ \kappa_{1|i} \\ \kappa_{2|1} \\ \kappa_{2|2} \\ \kappa_{2|3} \\ \cdots \\ \kappa_{2|i} \end{pmatrix} = N \begin{pmatrix} D \\ B \end{pmatrix} \tag{2-83}$$

式中

$$N = \left[\begin{array}{ccccc} -L_{1|1} & M_1 - L_{1|2} & \cdots & M_{i-2} - L_{1|i-1} & M_{i-1} - L_{1|i} \\ M_1 - L_{1|2} & M_2 - L_{1|3} & \cdots & M_{i-1} - L_{1|i} & 0 \\ M_2 - L_{1|3} & M_3 - L_{1|4} & \cdots & 0 & 0 \\ \cdots & \cdots & \cdots & \cdots & \cdots \\ M_{i-1} - L_{1|i} & 0 & \cdots & 0 & 0 \\ \hline I_l - L_{2|1} & -L_{2|2} & \cdots & -L_{2|i-1} & -L_{2|i} \\ -L_{2|2} & -L_{2|3} & \cdots & -L_{2|i} & 0 \\ -L_{2|3} & -L_{2|4} & \cdots & 0 & 0 \\ \cdots & \cdots & \cdots & \cdots & \cdots \\ -L_{2|i} & 0 & \cdots & 0 & 0 \end{array} \right] \begin{pmatrix} I_l & 0 \\ 0 & \Gamma_{i-1} \end{pmatrix} \in \Re^{i(n+l) \times (n+l)}$$

$$(2-84)$$

至此，将确定—随机系统的模态参数识别步骤总结如下：

（1）计算投影矩阵 O_i、Z_i 和 Z_{i+1}；

（2）对斜投影矩阵 O_i 进行加权奇异值分解：

$$W_1 O_i W_2 = U S V^T = (U_1 \quad U_2) \begin{bmatrix} S_1 & 0 \\ 0 & 0 \end{bmatrix} \begin{pmatrix} V_1^T \\ V_2^T \end{pmatrix} = U_1 S_1 V_1^T .$$

$$(2-85)$$

（3）确定系统阶数，从而利用（2-80）式获得 U_1 和 S_1；

（4）根据如下公式确定可观测矩阵 Γ_i 和 Γ_{i-1}：

$$\Gamma_i = W_1^{-1} U_1 S_1^{1/2}, \Gamma_{i-1} = \Gamma_i \qquad (2-86)$$

式中，Γ_i 为划掉 Γ_i 的最后 l 行得到的；

（5）利用最小二乘法求解如下线性方程组得到 A、C 和 κ：

$$\begin{pmatrix} \Gamma_{i-1}^{\triangledown} Z_{i+1} \\ \overline{Y_{i|i}} \end{pmatrix} = \begin{pmatrix} A \\ C \end{pmatrix} \Gamma_i^{\triangledown} Z_i + \kappa U_f + \begin{pmatrix} \rho_w \\ \rho_v \end{pmatrix} \qquad (2-87)$$

式中，ρ_w 和 ρ_v 代表噪声的残差；

（6）利用（2-83）式求解 B 和 D；

（7）求解系统矩阵的特征值问题得到系统的频率、阻尼比和振型。

以上是传统的随机子空间方法识别系统模态参数的基本原理和方法，在第三章中将在此基础上深入研究基于参考点的随机子空间方法并进行改进。

2.4　环境激励下结构模态参数识别的联合时频域方法

2.2 节和 2.3 节中结构的模态参数识别方法都有一个前提，即假定环境激励是白噪声激励或为非白噪声平稳激励，而如果施加于结构的激励力不满足上述前提，如激励力为非平稳随机激励，用上述的模态识别方法可能对识别精度有一定的影响。而实际工程中由于周围环境的复杂性，很多激励并不能近似看成平稳激励，为此，许多专家学者开始致力于研究对环境激励更具有鲁棒性的方法。

模态参数识别的联合时频域方法是针对非平稳随机激励而发展起来的，它是通过对信号进行时频变换直接识别参数[43][85]。这里通过对信号进行科恩雷[86]时频变换来进行结构的模态参数识别，其具体原理如下所述：

假定一系统模型具有 n 个自由度，在任意位置 i、j，通过采样得到对应的位移响应表达式：

$$s_i(t) = \sum_m u_i^{(m)} q^{(m)}(t)$$

$$s_j(t) = \sum_m u_j^{(m)} q^{(m)}(t) \qquad (2-88)$$

式中，$u_i^{(m)}$、$u_j^{(m)}$ 代表 m 阶振型向量，$q^{(m)}(t)$ 代表 m 阶模态坐标。

对采集得到的动力响应信号进行自相关函数和互相关函数计算，然后进行科恩雷变换得到对应位置 i、j 处模态分量的幅值比 AR 和相位差 PH 如下：

$$AR(t,f)\big|_{f=f^{(m)}} = \sqrt{\frac{D_{si(t,f)}}{D_{sj(t,f)}}}\,\bigg|_{f=f^{(m)}}$$

$$(2-89)$$

$$PH(t,f)\big|_{f=f^{(m)}} = phase\{D_{s_i,s_j(t,f)}\}\big|_{f=f^{(m)}}$$

$$(2-90)$$

上面两式中，$AR(t,f)$ 为幅值比，$PH(t,f)$ 为相位差，$D(t,f)$ 为科恩雷时频变换。对于线性时不变系统，某阶频率占优的频带，上面两式的值不随时间变化而变化，由此，可以通过计算以下两式的极值点来识别结构频率：

$$Z_1 = \int_o^T [AR(t,f) - A\overline{R}(t,f)]^2$$

$$Z_2 = \int_o^T [PH(t,f) - P\overline{H}(t,f)]^2 \qquad (2-91)$$

（2-91）式中，T 为信号的分析长度，$A\overline{R}$ 代表幅值比的平均值，$P\overline{H}$ 代表相位差的平均值。求得结构的模态频率后，利用一综合信号与动力响应信号再次进行科恩雷变化即可得到结构的模态振型。

联合时频方法对非平稳随机激励和弱非线性具有一定的鲁棒性[70]，但是该方法处理非线性问题还不成熟，仍需进一步发展。

2.5　本章小结

　　本章主要研究了基于环境激励的频域中的峰值拾取法和频域分解法，时域中的 ITD 法、随机减量法、自然激励技术法、时间序列分析法、经验模态函数分解法和随机子空间方法，联合时频域方法等模态参数识别方法的基本思想和计算原理，分析了各类模态参数识别方法的优缺点。重点研究了随机子空间方法的基本原理和计算方法，为第三章提出改进的数据驱动随机子空间方法奠定基础。

第三章 改进的数据驱动随机子空间方法及应用

3.1 引言

随机子空间方法是 20 世纪 90 年代发展起来的一种识别大型工程结构模态参数的时域方法，由于其直接利用测试得到的响应数据构建计算结构模态参数的矩阵，避免了传统的模态识别方法中采用傅里叶变换（FFT）造成的谱泄漏等问题。而且随机子空间方法引入了数学中的奇异值分解技术（SVD）和 QR 分解技术，相比其他方法具有更好的信噪比。然而其计算出的振型为复模态振型，通常直接提取实部做结构振型图，而实部并不一定包含结构的真实模态信息，为此，本章在传统的数据驱动随机子空间方法原理基础上，通过构建特征方程的方法，提出了一种改进的数据驱动随机子空间方法（Updated‑DD‑SSI），随后用一悬臂梁验证了该方法识别结构模态参数的有效性。

3.2 随机子空间方法数学计算原理概述

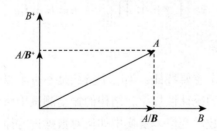

图 3‑1 二维空间中矩阵 A 的行空间分别向矩阵 B 和 $B^{\perp}$ 的行空间投影示意图

3.2.1 正交投影

已知矩阵 $A \in \Re^{p \times j}$、$B \in \Re^{q \times j}$，$B^{\perp}$ 的行空间和 B 的行空间正交，$\prod_B$、$\prod_{B^{\perp}}$ 分别表示某个矩阵的行空间向矩阵 B 和 $B^{\perp}$ 的行空间投影，投影表达式

定义如下:

$$\prod_B = B^T . (BB^T)^\nabla . B \qquad (3-1)$$

$$\prod_{B^\perp} = I_j - \prod_B \qquad (3-2)$$

式中,$(\cdot)^\nabla$ 表示矩阵·的 Moore-Penrose 广义逆,I_j 为 j 维空间的单位矩阵。用 $A/\boldsymbol{B}$、$A/\boldsymbol{B}^\perp$ 分别标记为矩阵 A 的行空间向矩阵 B 和 $B^\perp$ 的行空间投影,则有如下定义:

$$A/\boldsymbol{B} = A . \prod_B = AB^T . (BB^T)^\nabla . B \qquad (3-3)$$

由式(3-2)和(3-3)容易得到:

$$A/\boldsymbol{B}^\perp = A . \prod_{B^\perp} = A - A . \prod_B = A - AB^T . (BB^T)^\nabla . B$$

$$(3-4)$$

上述正交投影可以用图 3-1 来描述。

从图 3-1 可以看出投影 $\prod_B$ 和 $\prod_{B^\perp}$ 将矩阵 A 分解成两个矩阵,这两个矩阵的行空间正交:

$$A = A . \prod_B + A . \prod_{B^\perp} \qquad (3-5)$$

(3-5)式的另一个含义可以理解为矩阵 A 为矩阵 B 的行和 $B^\perp$ 的行的线性组合,做如下定义:

$$L_B . B = A/\boldsymbol{B}, L_{B^\perp} . B^\perp = A/\boldsymbol{B}^\perp \qquad (3-6)$$

由式(3-5)和(3-6)易得到:

$$A = A . \prod_B + A . \prod_{B^\perp} = L_B . B + L_{B^\perp} . B^\perp \qquad (3-7)$$

3.2.2 统计性规律

随机振动具有两个主要特征:第一个特征是不可重复性和不可预测性;第二个特征是具有一定的统计性规律。结构的振动测试中将得到大量的数据,如何利用这些数据进行数学变换,变换中如何对数据进行简化就是个非常重要的步骤。统计知识在这一过程中将起到很大的作用,引入统计知识也是随机子空间能有效处理大量数据的核心所在。

已知序列 $a_k \in \Re^{n_a}$,$e_k \in \Re^{n_e}$,$k = 0, 1, \cdots, j$。e_k 为 0 均值独立于 a_k 的序列:

$$E[e_k] = 0 \quad E[a_k e_k^T] = 0 \qquad (3-8)$$

在子空间辨识中,假定测试得到的数据序列是各态历经的,假定测试时间足够长（$j \to \infty$）。将式（3-8）中的期望值算子 E 用 E_j 代替。举例 a_k、e_k 之间的协方差运算：

$$\mathrm{E}[a_k e_k^T] = \lim\left[\frac{1}{j}\sum_{i=0}^{j} a_i e_i^T\right] = \mathrm{E}_j\left[\sum_{i=0}^{j} a_i e_i^T\right] \qquad (3-9)$$

由式（3-9）很显然得到 E_j 的定义：

$$\mathrm{E}_j = \lim_{j \to \infty} \frac{1}{j}[\cdot] \qquad (3-10)$$

假定 a_k 为振动测试中所有输出序列 u_k，e_k 为噪声，假定测试得到足够长的数据，这些数据是各态历经的，u_k 与 e_k 无关，根据上述定义，将有如下关系式：

$$\mathrm{E}_j\left[\sum_{i=0}^{j} u_i e_i^T\right] = 0 \qquad (3-11)$$

定义 $u = (u_0 \quad u_1 \quad \cdots \quad u_j)$，$e = (e_0 \quad e_1 \quad \cdots \quad e_j)$，由式（3-11）得到：

$$\mathrm{E}_j[u.\,e^T] = 0 \qquad (3-12)$$

式（3-12）说明了输出向量 u 与噪声向量 e 是互相垂直的。随机子空间方法正是利用这一特性过滤噪声的。

定义矩阵 A 和 B 的协方差为 $\Phi_{[A,B]}$，根据上述的统计意义，将有如下的关系式：

$$\Phi_{[A,B]} = \mathrm{E}_j[A.\,B^T] \qquad (3-13)$$

由 3.2.1 节投影定义及式（3-13）可以得到：

$$A/\boldsymbol{B} = \Phi_{[A,B]}.\,\Phi_{[B,B]}^{\triangledown}.\,B$$

$$A/\boldsymbol{B}^{\perp} = A - \Phi_{[A,B]}.\,\Phi_{[B,B]}^{\triangledown}.\,B \qquad (3-14)$$

实际测试中得到的数据长度 $j \neq \infty$，因此将协方差 $\Phi_{[A,B]}$ 简化计算如下：

$$\Phi_{[A,B]} \approx \frac{1}{j}A.\,B^T \qquad (3-15)$$

这样，正交投影 $A/\boldsymbol{B}$ 的计算如下：

$$A/\boldsymbol{B} = \Phi_{[A,B]}.\,\Phi_{[B,B]}^{\triangledown}.\,B = \left[\frac{1}{j}AB^T\right].\left[\frac{1}{j}BB^T\right]^{\triangledown}.\,B = AB^T.\left[BB^T\right]^{\triangledown}.\,B$$

$$(3-16)$$

3.2.3　SVD 和 QR 分解

SVD 分解有如下定义[87]：一个秩为 r 的矩阵 $A \in \mathfrak{R}^{m \times n}$，$\sigma_1 \geqslant \sigma_2 \geqslant \cdots \geqslant \sigma_r > 0$ 是矩阵 A 的奇异值，则存在酉矩阵 $U \in \mathfrak{R}^{m \times m}$，$V \in \mathfrak{R}^{n \times n}$，分块矩阵

$$\sum_{m \times n} = \begin{pmatrix} \Delta & 0 \\ 0 & 0 \end{pmatrix} \in \Re^{m \times n} \text{, 使} A = U\sum V^H \text{, 其中} \Delta = \begin{pmatrix} \sigma_1 & & & \\ & \sigma_2 & & \\ & & \vdots & \\ & & & \sigma_r \end{pmatrix} \text{是一}$$

个可逆的对角矩阵，$(\cdot)^H$ 表示矩阵 $\cdot$ 的共轭转置。

在随机子空间方法中对投影矩阵进行 SVD 分解，过滤掉信号中掺杂的噪声，进而有效提取出可观测矩阵和状态序列，可观测矩阵和状态序列是获取系统矩阵的基础。

QR 分解有如下定义[87]：已知矩阵 $A \in \Re^{m \times k}$ 是一个列满秩的矩阵，即 $rank(A) = k$，则 A 可被分解为 $A = QR$。其中，$Q \in \Re^{m \times k}$，Q 的列向量是 A 的列空间的标准正交基，$R \in \Re^{k \times k}$ 是一个可逆的上三角矩阵。

根据 QR 分解的定义，A 列满秩，假定其行 m 足够大，近似认为 $m \rightarrow \infty$，若能通过 QR 分解并利用 $QQ^T = I$ 最后只提取出数据量小的 R 因素加以利用，将会大量缩减矩阵规模，随机子空间方法正是利用了这一有利特性将测试到的大量数据信号进行缩减的。

3.3　数据驱动随机子空间方法基本理论

模态参数的辨识方法最初是对已知输入和输出的系统研究的，而大型工程结构要用已知的激励信号去激励，若使其能被激振将花费巨额的费用，即使这样对结构的整体激振效果也并不理想。因此，为了解决这一问题，模态参数的识别研究转入到只有输出信号条件下的结构固有特性的获取。随机子空间方法作为模态参数识别的一种最为先进的方法之一，它的发展也是针对已知输入和输出的系统（确定系统）、只有输出的系统（随机系统）、联合输入-输出系统而被国内外专家学者深入研究的。

对于测点数量较多，需分批进行测试的结构，B. Peeters 等[57]提出了基于参考点的随机子空间方法。该方法处理测试数据有两种手段：一种是利用输出数据之间的协方差构建块 T 矩阵，称为协方差驱动随机子空间方法；另一种是直接利用输出数据构建块 H 矩阵，称为数据驱动随机子空间方法。

3.3.1　振动系统的状态空间模型

一个 n 自由度系统受动荷载作用下的反应用如下运动方程描述：

$$M\ddot{R}(t) + C\dot{R}(t) + KR(t) = F(t) = Br(t) \qquad (3-17)$$

式中，M、C、$K \in \Re^{n \times n}$ 分别代表结构的质量、阻尼、刚度矩阵，$R(t) \in \Re^{n \times 1}$ 代表连续时间 t 上的位移向量，激励力向量 $F(t) \in \Re^{n \times 1}$ 分解为输入矩阵 $B \in \Re^{n \times m}$ 和输入向量 $r(t) \in \Re^{m \times 1}$ 的乘积，$r(t)$ 描述了连续时间上的 m 个输入。

对于分布参数系统（如土木工程结构），方程（3-17）认为是只有 n 个自由度的系统的有限元估计，而且这一估计非常接近实际振动结构的真实动力行为，然而在系统辨识过程中，并不是直接应用方程（3-17）进行计算的。主要有以下几方面原因：其一，式（3-17）是连续时间上的动力平衡方程，而实际测试结构的动力响应都是离散时间上的采样；其二，实际测试中一般不能测得方程（3-17）所描述的所有 n 个自由度；其三，实际测试时不可避免地存在噪声：未知的接近 $r(t)$ 的其他激励源的存在，由测试仪器引起的测量噪声；再者，对于只测得输出信号的随机系统而言，激励源是未知的，而是假定系统的激励信号是白噪声。由于上述的原因，将方程（3-17）转换为离散时间上的状态空间模型更具有实际意义。状态空间模型起源于控制理论，现在已经被广泛用于机械工程、土木工程等领域用来计算黏性阻尼结构的动力参数。先做如下定义：

$$x(t) = \begin{bmatrix} R(t) \\ \dot{R}(t) \end{bmatrix}, A_c = \begin{bmatrix} 0 & I_n \\ -M^{-1}K & -M^{-1}C \end{bmatrix}, B_c = \begin{bmatrix} 0 \\ -M^{-1}B \end{bmatrix}$$

$$(3-18)$$

方程（3-17）变换为如下的状态方程：

$$\dot{x}(t) = A_c x(t) + B_c r(t) \qquad (3-19)$$

式中，$A_c \in \Re^{N \times N}$（$N = 2n$）代表状态矩阵，$B_c \in \Re^{N \times m}$ 代表输入矩阵，$x(t) \in \Re^{N \times 1}$ 代表状态向量。状态空间向量的元素数即为描述系统状态所需的独立变量数。

在实际测试时不可能测得结构的所有自由度。假定布置 l 个测点，这些测点上可以是加速度、速度或位移传感器，得到如下的观测方程[88]：

$$y(t) = C_a \ddot{R}(t) + C_v \dot{R}(t) + C_d R(t) \qquad (3-20)$$

式中，$y(t) \in \Re^{l \times 1}$ 为输出向量，C_a、C_v 和 $C_d \in \Re^{l \times n}$ 分别代表加速度、速度和位移输出矩阵。做如下定义：

$$C_2 = [C_d - C_a M^{-1}K \quad C_v - C_a M^{-1}C] \quad D = C_a M^{-1}B \qquad (3-21)$$

方程（3-20）变换为：

$$y(t) = C_2 x(t) + Dr(t) \qquad (3-22)$$

式中，$C_2 \in \Re^{l \times N}$ 为输出矩阵，$D \in \Re^{l \times m}$ 为传递矩阵。这样方程（3-19）和（3-22）就构成了连续时间上的确定系统的状态空间模型，确定指的是输入 $r(t)$ 和输出 $y(t)$ 都可以精确测试到。

实际采样都是在离散时间内进行的，因此仍需将上述连续时间上的状态空间模型转换为离散时间上的状态空间模型。假定离散时间间隔为 $k\Delta t$，k 为整数，得到离散时间上的状态空间模型为：

$$x_{k+1} = Ax_k + B_2 r_k$$
$$y_k = C_2 x_k + Dr_k \qquad (3-23)$$

式中，$x_k = x(k\Delta t)$ 为离散时间状态向量，$A = \exp(A_c \Delta t)$ 为离散时间状态矩阵，$B_2 = [A-I]A_c^{-1}B_c$ 为离散时间输入矩阵。将噪声考虑在内，则得到离散时间上的确定-随机状态空间模型：

$$x_{k+1} = Ax_k + B_2 r_k + w_k$$
$$y_k = C_2 x_k + Dr_k + v_k \qquad (3-24)$$

式中，$w_k \in \Re^{N \times 1}$ 是由干扰或模型的不精确引起的过程噪声，$v_k \in \Re^{l \times 1}$ 是由传感器的不精确引起的测量噪声。两者都是不可测的向量信号，假定他们满足 0 均值白噪声信号，即 $E[w_k] = 0$，$E[v_k] = 0$，且具有如下的协方差矩阵表达式：

$$E\left[\begin{pmatrix} w_p \\ v_p \end{pmatrix} (w_q^T \quad v_q^T) \right] = \begin{pmatrix} Q & S \\ S^T & U \end{pmatrix} \delta_{pq} \qquad (3-25)$$

式中，E 代表数学期望值运算符，δ_{pq} 为克罗内克符号。

3.3.2 随机状态空间模型

对于环境激励下的结构测试而言，只需要测得输出信号，无需测试激励信号。因此将方程（3-24）中的输入项 r_k 去掉得到随机状态空间模型如下：

$$x_{k+1} = Ax_k + w_k$$
$$y_k = C_2 x_k + v_k \qquad (3-26)$$

进一步假定随机过程满足稳态 0 均值，即 $E[x_k x_k^T] = \sum$，$E[x_k] = 0$。状态协方差矩阵 $\sum$ 独立于时间 k，w_k、v_k 独立于状态向量 x_k，即 $E[x_k w_k^T] = 0$，$E[x_k v_k^T] = 0$。输出协方差矩阵 Γ_i 定义为：

$$\Gamma_i \equiv E[y_{k+i} y_k^T] \in \Re^{l \times l} \qquad (3-27)$$

下一状态输出协方差矩阵 G 定义为：

$$G \equiv E[x_{k+1}y_k^T] \in \Re^{N \times l} \tag{3-28}$$

由上述定义可以推导出如下的关系式：

$$\sum = A \sum A^T + Q$$

$$\Gamma_0 = C_2 \sum C_2^T + U$$

$$G = A \sum C_2^T + S \tag{3-29}$$

$$\Gamma_i = C_2 A^{i-1} G \tag{3-30}$$

实际结构一般体积很大，需要布置很多个测点才能测试到结构的所有模态，而实际情况决定了多数情况下不可能一次性将所有传感器布置上，往往分成几个批次测试，因此，就需要利用参考点将不同批次的数据联系起来，最后通过归一处理得到结构的完整振型。假定 l 个测点输出中有 s 个参考点，将所有输出响应按照参考点和非参考点分块得到如下的表达式：

$$y_k \equiv \begin{bmatrix} y_k^{ref} \\ y_k^{\tilde{r}ef} \end{bmatrix} \quad y_k^{ref} = Ly_k \quad L \equiv \begin{bmatrix} I_s & 0 \end{bmatrix} \tag{3-31}$$

式中，$y_k^{ref} \in \Re^{s \times 1}$ 为参考点输出，$y_k^{\tilde{r}ef} \in \Re^{(l-s) \times 1}$ 为非参考点的输出，$L \in \Re^{s \times l}$ 为选择矩阵，I_s 为单位矩阵。参照方程（3-27）定义所有输出与参考点之间的协方差矩阵如下：

$$\Gamma_i^{ref} \equiv E[y_{k+i}y_k^{ref\,T}] = \Gamma_i L^T \in \Re^{l \times s} \tag{3-32}$$

参照方程（3-28）下一状态-参考点输出协方差矩阵为：

$$G^{ref} \equiv E[x_{k+1}y_k^{ref\,T}] = GL^T \in \Re^{N \times s} \tag{3-33}$$

同方程（3-30）一样，可以推导出如下关系式：

$$\Gamma_i^{ref} = C_2 A^{i-1} G^{ref} \tag{3-34}$$

根据所有的输出，形成如下的块 H 矩阵：

$$H \equiv \frac{1}{\sqrt{j}} \begin{bmatrix} y_0^{ref} & y_1^{ref} & y_2^{ref} & \cdots & y_{j-1}^{ref} \\ y_1^{ref} & y_2^{ref} & y_3^{ref} & \cdots & y_j^{ref} \\ y_2^{ref} & y_3^{ref} & y_4^{ref} & \cdots & y_{j+1}^{ref} \\ \cdots & \cdots & \cdots & \cdots & \cdots \\ y_{i-1}^{ref} & y_i^{ref} & y_{i+1}^{ref} & \cdots & y_{i+j-2}^{ref} \\ y_i & y_{i+1} & y_{i+2} & \cdots & y_{i+j-1} \\ y_{i+1} & y_{i+2} & y_{i+3} & \cdots & y_{i+j} \\ y_{i+2} & y_{i+3} & y_{i+4} & \cdots & y_{i+j+1} \\ \cdots & \cdots & \cdots & \cdots & \cdots \\ y_{2i-1} & y_{2i} & y_{2i+1} & \cdots & y_{2i+j-2} \end{bmatrix} \equiv \left(\frac{Y_{0|\,i-1}^{ref}}{Y_{i|\,2i-1}} \right) \equiv \left(\frac{Y_p^{ref}}{Y_f} \right) \begin{matrix} \updownarrow si & \text{'past'} \\ \updownarrow li & \text{'future'} \end{matrix} \in \Re^{(s+l)i \times j}$$

$$\tag{3-35}$$

H 矩阵中，上部 i 块有 s 行，下部 i 块有 l 行，假定 $j \to \infty$。（3-35）式中将 H 矩阵分成过去参考点的输出和未来所有测点的输出两部分。观测 H 矩阵的各元素很容易发现其每个反对角线上的元素块都相同。组成 H 矩阵的所有输出数据都乘以一个缩减因子 $\dfrac{1}{\sqrt{j}}$，这是因后续计算过程中用到输出数据之间的协方差矩阵而依据矩阵协方差的定义这样做的。$Y_{0|i-1} \in \Re^{si \times j}$ 的脚标 0、$i-1$ 分别代表 H 矩阵中过去输出的第一列的第一行、最后一行元素的脚标，$Y_{i|2i-1} \in \Re^{li \times j}$ 的脚标 i、$2i-1$ 分别代表 H 矩阵中未来输出的第一列的第一行、最后一行元素的脚标。脚标 p 和 f 分别代表"过去"和"未来"。

H 矩阵的另一种划分方式为将第 $i+1$ 块行的参考点输出添加到过去参考点的输出中去，相应的第 $i+1$ 块行的未来所有测点的输出只剩下未来非参考点的输出。这样 H 矩阵的另一种形式如下：

$$H \equiv \left(\begin{array}{c} Y_{0|i}^{ref} \\ \hline Y_{i|i}^{\widetilde{ref}} \\ \hline Y_{i+1|2i-1} \end{array} \right) = \left(\begin{array}{c} Y_p^{ref+} \\ \hline Y_{i|i}^{\widetilde{ref}} \\ \hline Y_f^- \end{array} \right) \begin{array}{l} \updownarrow \ s(i+1) \\ \updownarrow \ l-s \\ \updownarrow \ l(i-1) \end{array} \qquad (3-36)$$

假定矩阵对 $\{A, C_2\}$ 可观测，这意味着系统的所有模态能够通过输出信号观测到。将可观测矩阵定义如下：

$$O_i \equiv \begin{pmatrix} C_2 \\ C_2 A \\ C_2 A^2 \\ C_2 A^3 \\ \cdots \\ C_2 A^{i-1} \end{pmatrix} \in \Re^{li \times N} \qquad (3-37)$$

假定矩阵对 $\{A, G^{ref}\}$ 可控，这意味着系统的所有模态能够被随机输入的激励激发出来，将基于参考点的随机可控矩阵定义如下：

$$Z_i^{ref} \equiv (A^{i-1} G^{ref} \quad A^{i-2} G^{ref} \quad A^{i-3} G^{ref} \quad \cdots \quad A G^{ref} \quad G^{ref}) \in \Re^{N \times si}$$
$$(3-38)$$

3.4 基于参考点的数据驱动随机子空间识别方法

传统的随机子空间方法的关键步骤是将未来输出的行空间向过去输出的行空间投影[83]。这里用过去参考点输出代替过去所有测点输出[89]，这样做的好处是矩阵的维数缩减了。由于参考点的数量有限，因此这些参考点位置的选择非常重要，这些参考点必须能保证测得所需要的结构的所有模态，只有这样才能通过对各批次数据归一后得到结构的完整模态。

3.4.1 卡尔曼滤波状态

在随机子空间法中，卡尔曼滤波状态具有很重要的作用。卡尔曼滤波的目的是为了利用 k 时刻的输出、计算出的系统矩阵及噪声协方差得到状态向量 x_{k+1} 的最优估计，用 $\hat{x}_{k+1}$ 表示。当初始状态估计 $\hat{x}_0 = 0$ 时，初始状态协方差 $P_0 \equiv E[\hat{x}_0 \hat{x}_0^T] = 0$。所有输出（$y_0, y_1, \cdots, y_k$）可以测到，这样非稳态卡尔曼滤波状态估计 $\hat{x}_{k+1}$ 按如下递归公式定义：

$$\hat{x}_{k+1} = A\hat{x}_k + K_k(y_k - C_2\hat{x}_k)$$
$$K_k = (G - AP_kC_2^T)(\Gamma_0 - C_2P_kC_2^T)^{-1}$$
$$P_{k+1} = AP_kA^T + (G - AP_kC_2^T)(\Gamma_0 - C_2P_kC_2^T)^{-1}(G - AP_kC_2^T)^T$$

$$(3-39)$$

卡尔曼滤波状态估计集合形成卡尔曼滤波状态序列 $\hat{X}_i$ 如下：

$$\hat{X}_i \equiv (\hat{x}_i \quad \hat{x}_{i+1} \quad \hat{x}_{i+2} \quad \cdots \quad \hat{x}_{i+j-1}) \in \Re^{N \times j} \qquad (3-40)$$

$\hat{X}_i$ 可以通过后续的随机子空间方法计算出。

3.4.2 投影变换

根据 3.2.3 节 QR 分解的定义，首先对 H 矩阵求转置 $H^T \in \Re^{j \times (s+l)i}$（近似认为 $j \to \infty$），这样 H^T 满足了 QR 分解要求的列满秩的条件，对 H^T 进行 QR 分解：

$$H^T = Q_1 R_1 \qquad (3-41)$$

式中，$Q_1 \in \Re^{j \times j}$ 为正交矩阵，$Q_1 Q_1^T = Q_1^T Q_1 = I_j$，$R_1 \in \Re^{j \times (s+l)i}$ 为可逆的上三角矩阵。对式（3-41）两边求转置得到：

$$H = (Q_1 R_1)^T = R_1^T Q_1^T \qquad (3-42)$$

将（3-35）式块 H 矩阵写成如下形式：

$$H \equiv \left(\frac{Y_p^{ref}}{Y_f}\right) = RQ^T \qquad (3-43)$$

由式（3-42）和（3-43）得到 $R = R_1^T$，$Q = Q_1$。$Q \in \Re^{j \times j}$ 为正交矩阵，满足 $Q^T Q = QQ^T = I_j$，$R \in \Re^{(s+l)i \times j}$ 为一下三角矩阵。

测试过程中，一般采样时间较长，近似认为 $j \to \infty$，所以 $(s+l)i < j$，

将 QR 分解过程中，R 中的零元素及相对应的 Q 中的零元素去掉，得到如下的关系式：

$$
H = \begin{matrix} si \\ s \\ l-s \\ l(i-1) \end{matrix} \begin{matrix} \updownarrow \\ \updownarrow \\ \updownarrow \\ \updownarrow \end{matrix} \begin{bmatrix} R_{11} & 0 & 0 & 0 \\ R_{21} & R_{22} & 0 & 0 \\ R_{31} & R_{32} & R_{33} & 0 \\ R_{41} & R_{42} & R_{43} & R_{44} \end{bmatrix} \begin{bmatrix} Q_1^T \\ Q_2^T \\ Q_3^T \\ Q_4^T \end{bmatrix} \begin{matrix} \updownarrow & si \\ \updownarrow & s \\ \updownarrow & l-s \\ \updownarrow & l(i-1) \end{matrix}
$$

$$
\begin{matrix} \leftrightarrow & \leftrightarrow & \leftrightarrow & \leftrightarrow & \leftrightarrow \\ si & s & l-s & l(i-1) & j \to \infty \end{matrix} \quad (3-44)
$$

由于 Q 的正交性，在随机子空间算法实现过程中，Q 将被抵消掉，这样数据量大大缩减，由 j 缩减到 $(s+l)i$。根据 3.2.1 节正交投影定义，将未来输出 Y_f 的行空间向过去参考点输出 Y_p^{ref} 的行空间投影得到：

$$
\Lambda_i^{ref} \equiv \frac{Y_f}{Y_p^{ref}} \equiv Y_f Y_p^{ref\,T} (Y_p^{ref} Y_p^{ref\,T})^{\triangledown} Y_p^{ref} \quad (3-45)
$$

式（3-45）将 Y_f 向 Y_p^{ref} 投影揭示了在过去参考点输出 Y_p^{ref} 的信息中包含了能预测未来输出 Y_f 的所有信息。如同（3-44）式，将 QR 分解引入到式（3-45）中，投影 Λ_i^{ref} 可以用以下简单的式子表达：

$$
\Lambda_i^{ref} = \begin{bmatrix} R_{21} \\ R_{31} \\ R_{41} \end{bmatrix} Q_1^T \in \Re^{li \times j} \quad (3-46)
$$

根据随机子空间辨识原理[83]，投影 Λ_i^{ref} 被分解为（3-37）式可观测矩阵 O_i 和（3-40）式卡尔曼滤波状态序列 $\hat{X}_i$ 的乘积：

$$
\Lambda_i^{ref} \equiv \begin{bmatrix} C_2 \\ C_2 A \\ C_2 A^2 \\ C_2 A^3 \\ \cdots \\ C_2 A^{i-1} \end{bmatrix} \begin{pmatrix} \hat{x}_i & \hat{x}_{i+1} & \hat{x}_{i+2} & \cdots & \hat{x}_{i+j-2} & \hat{x}_{i+j-1} \end{pmatrix} \equiv O_i \hat{X}_i
$$

$$
(3-47)
$$

在文献［83］中有对于随机子空间计算中应用所有测点输出得到投影 $\Lambda_i = O_i \hat{X}_i$ 的证明，这里只利用了过去参考点输出，证明过程相类似。不同的是这里卡尔曼状态估计 $\hat{X}_i$ 只通过观测所有参考点输出得到的最优估计。

对投影 Λ_i^{ref} 进行奇异值分解如下：

$$\Lambda_i^{ref} = U_1 S_1 V_1^T \qquad (3-48)$$

由于投影 Λ_i^{ref} 的秩为 N ，$U_1 \in \Re^{li \times N}$ ，$S_1 \in \Re^{N \times N}$ ，$V_1 \in \Re^{j \times N}$ ，联合方程（3-47）和（3-48）可以得到可观测矩阵 O_i 和卡尔曼滤波状态序列 $\hat{X}_i$ ：

$$O_i = U_1 S_1^{1/2} \quad \hat{X}_i = O_i^\nabla \Lambda_i^{ref} \qquad (3-49)$$

3.4.3　系统矩阵

理想的状态下，系统的阶数 N 可以通过式（3-48）中的非零奇异值个数获得，而实际情况，奇异值往往不会是零，因此，需要借助其他手段来获得系统的阶数 N 。其中，利用稳定图结合输出信号的功率谱确定 N 是一种比较好的方法。系统阶数 N 确定后，通过式（3-49）可得到观测矩阵 O_i 和状态序列 $\hat{X}_i$ 。接下来给出系统矩阵 A ，C_2 ，Q ，U ，S 的获取方式。利用退后一步的过去输出和未来输出的数据，得到 H 矩阵（3-36）的另一种投影 Λ_{i-1}^{ref} ，类似式（3-44）将 Λ_{i-1}^{ref} 进行 QR 分解：

$$\Lambda_{i-1}^{ref} \equiv \frac{Y_f^-}{Y_p^{ref+}} = (R_{41} \quad R_{42}) \begin{bmatrix} Q_1^T \\ Q_2^T \end{bmatrix} \in \Re^{l(i-1) \times j} \qquad (3-50)$$

式（3-50）中第一个等式为未来输出的行空间向过去参考点输出的行空间上的投影，第二个等式表达了如何从式（3-44）中计算投影 Λ_{i-1}^{ref} ，类似于式（3-47），投影 Λ_{i-1}^{ref} 被分解为可观测矩阵 O_{i-1} 和卡尔曼滤波状态序列 $\hat{X}_{i+1}$ 的乘积：

$$\Lambda_{i-1}^{ref} = O_{i-1} \hat{X}_{i+1} \qquad (3-51)$$

式中 O_{i-1} 可以通过划掉式（3-49）计算出的 O_i 的最后 l 行得到。这样滑移状态序列 $\hat{X}_{i+1}$ 可以按以下公式计算出：

$$\hat{X}_{i+1} = O_{i-1}^\nabla \Lambda_{i-1}^{ref} \qquad (3-52)$$

这样，仅根据测试得到的输出数据就能由式（3-49）、（3-52）分别计算出卡尔曼状态序列 $\hat{X}_i$ 、$\hat{X}_{i+1}$ 。通过对式（3-26）进行延伸，可得到求解系统矩阵的线性方程组如下：

$$\begin{bmatrix} \hat{X}_{i+1} \\ Y_{i|i} \end{bmatrix} = \begin{bmatrix} A \\ C_2 \end{bmatrix} (\hat{X}_i) + \begin{bmatrix} \rho_w \\ \rho_v \end{bmatrix} \qquad (3-53)$$

$Y_{i|i}$ 是仅有一个块行的 H 矩阵，由式（3-44）的 QR 分解，$Y_{i|i}$ 写成如下形式：

$$Y_{i|i} = \begin{pmatrix} R_{21} & R_{22} & 0 \\ R_{31} & R_{32} & R_{33} \end{pmatrix} \begin{pmatrix} Q_1^T \\ Q_2^T \\ Q_3^T \end{pmatrix} \in \Re^{li \times j} \qquad (3-54)$$

因为卡尔曼状态序列和所有输出数据已知，而且残差 $(\rho_w^T \quad \rho_v^T)^T$ 与 $\hat{X}_i$ 不相关，所以系统矩阵 A，C_2 可以利用最小二乘法求解式（3-53）得到：

$$\begin{pmatrix} A \\ C_2 \end{pmatrix} = \begin{pmatrix} \hat{X}_{i+1} \\ Y_{i|i} \end{pmatrix} \hat{X}_i^{\nabla} \qquad (3-55)$$

通过将公式（3-46），（3-49），（3-50），（3-52）代入到式（3-55）中，即可获取系统矩阵 A，C_2，求解过程如下：

$$A = \hat{X}_{i+1} \hat{X}_i^{\nabla} = O_{i-1}^{\nabla} \Lambda_{i-1}^{ref} (O_i^{\nabla} \Lambda_i^{ref})^{\nabla} = O_{i-1}^{\nabla} \left[(R_{41} \quad R_{42}) \begin{pmatrix} Q_1^T \\ Q_2^T \end{pmatrix} \right] \left[O_i^{\nabla} \left(\begin{pmatrix} R_{21} \\ R_{31} \\ R_{41} \end{pmatrix} Q_1^T \right) \right]^{\nabla}$$

$$= O_{i-1}^{\nabla} \left[(R_{41} \quad R_{42}) \begin{pmatrix} Q_1^T \\ Q_2^T \end{pmatrix} \right] \left[\begin{pmatrix} R_{21} \\ R_{31} \\ R_{41} \end{pmatrix} Q_1^T \right]^{\nabla} O_i$$

$$= O_{i-1}^{\nabla} (R_{41} \quad R_{42}) \begin{pmatrix} Q_1^T \\ Q_2^T \end{pmatrix} Q_1 \begin{pmatrix} R_{21} \\ R_{31} \\ R_{41} \end{pmatrix}^{\nabla} O_i$$

$$= O_{i-1}^{\nabla} (R_{41} \quad R_{42}) \begin{pmatrix} Q_1^T Q_1 \\ Q_2^T Q_1 \end{pmatrix} \begin{pmatrix} R_{21} \\ R_{31} \\ R_{41} \end{pmatrix}^{\nabla} O_i$$

$$= (O_{i-1}^{\nabla})_{N \times l(i-1)} (R_{41} \quad R_{42})_{l(i-1) \times s(i+1)} \begin{pmatrix} I_{si \times si} \\ 0_{s \times si} \end{pmatrix} \begin{pmatrix} R_{21} \\ R_{31} \\ R_{41} \end{pmatrix}_{si \times li}^{\nabla} \cdot (O_i)_{li \times N} \quad (3-56)$$

$$C = Y_{i|i} \hat{X}_i^{\nabla} = \begin{pmatrix} R_{21} & R_{22} & 0 \\ R_{31} & R_{32} & R_{33} \end{pmatrix} \begin{pmatrix} Q_1^T \\ Q_2^T \\ Q_3^T \end{pmatrix} (O_i^{\nabla} \Lambda_i^{ref})^{\nabla}$$

$$= \begin{pmatrix} R_{21} & R_{22} & 0 \\ R_{31} & R_{32} & R_{33} \end{pmatrix} \begin{pmatrix} Q_1^T \\ Q_2^T \\ Q_3^T \end{pmatrix} (\Lambda_i^{ref})^{\nabla} O_i^{\nabla}$$

$$= \begin{bmatrix} R_{21} & R_{22} & 0 \\ R_{31} & R_{32} & R_{33} \end{bmatrix} \begin{pmatrix} Q_1^T \\ Q_2^T \\ Q_3^T \end{pmatrix} \left(\begin{bmatrix} R_{21} \\ R_{31} \\ R_{41} \end{bmatrix} Q_1^T \right)^{\nabla} O_i$$

$$= \begin{bmatrix} R_{21} & R_{22} & 0 \\ R_{31} & R_{32} & R_{33} \end{bmatrix} \begin{pmatrix} Q_1^T \\ Q_2^T \\ Q_3^T \end{pmatrix} \left(Q_1 \begin{bmatrix} R_{21} \\ R_{31} \\ R_{41} \end{bmatrix} \right)^{\nabla} O_i$$

$$= \begin{bmatrix} R_{21} & R_{22} & 0 \\ R_{31} & R_{32} & R_{33} \end{bmatrix} \begin{pmatrix} Q_1^T Q_1 \\ Q_2^T Q_1 \\ Q_3^T Q_1 \end{pmatrix} \left(\begin{bmatrix} R_{21} \\ R_{31} \\ R_{41} \end{bmatrix} \right)^{\nabla} O_i$$

$$= \begin{bmatrix} R_{21} & R_{22} & 0 \\ R_{31} & R_{32} & R_{33} \end{bmatrix}_{l\times(si+l)} \begin{pmatrix} I_{si\times si} \\ 0_{s\times si} \\ 0_{(l-s)\times si} \end{pmatrix}_{(si+l)\times si} \left(\begin{bmatrix} R_{21} \\ R_{31} \\ R_{41} \end{bmatrix}_{si\times li} \right)^{\nabla} (O_i)_{li\times N}$$

$$(3-57)$$

式（3-56）和（3-57）由于 Q 的正交性，很明显 Q 因素被抵消掉了，由此数据量得到了大大缩减。

最后，由式（3-53）噪声协方差 Q，U，S 作为残差 $(\rho_w^T \quad \rho_v^T)^T$ 的协方差得到。这保证了辨识的协方差为正定的实序列。

通过求解李雅普诺夫方程由式（3-29）可以得到状态协方差矩阵 $\sum$：

$$\sum = A\sum A^T + Q \qquad (3-58)$$

下一状态-输出协方差矩阵 G 及输出协方差矩阵 Γ_i 由式（3-59）计算出：

$$G = A\sum C_2^T + S \quad \Gamma_0 = C_2\sum C_2^T + U \qquad (3-59)$$

通过上述方程求解与推导，只利用输出数据解决了系统的辨识问题。而由于噪声（模型的不精确性、测量噪声及计算噪声）的存在，系统的高阶奇异值往往并不是零，系统的阶数 N 也就不能通过判断非零奇异值的个数来确定。其他的解决办法可以是通过观测相邻奇异值发生突然跳跃的地方来得到 N，一般选择跳跃最大的奇异值对应的值来定义 N。然而，在实际结构中，很多情况下，相邻奇异值的跳跃并不明显，因此采用观测奇异值曲线来判定系统的阶数 N 也不容易得到。构建稳定图，通过稳定图观测 N 便是另一种获得系统阶数的比较好的办法。

3.4.4 系统模态参数获取

给系统施加激励或是在环境激励下，测试结构上所有测点（包括参考点和非参考点）的动力响应，构建一种数学模型进行系统辨识。上述章节中对系统施加环境激励，无须知道激励信号，只测得系统的动力响应，仅利用输出数据，构建一种随机状态空间模型对系统进行辨识。模态分析是系统辨识的更为直观反映且更能应用于实际结构的辨识问题。替代抽象的数学模型，用振动模态来表达系统的动力行为，对应系统的某一阶模态可以用频率、振型、阻尼比来描述。

由 3.4.3 节求得了系统矩阵 A，系统的动力行为可以完全用 A 的特征值来表征：

$$A = \psi\lambda\psi^{-1} \tag{3-60}$$

式中，$\lambda = diag(\lambda_q) \in \Xi^{N\times N}$，$q = 1,2,3,\cdots,N$，为包含离散时间上的复特征值的对角矩阵；$\psi \in \Xi^{N\times N}$ 为特征向量矩阵，每一列代表某一阶的振型向量。

方程（3-60）为方程（3-55）的二阶估计，他们有相同的特征值和特征向量。可以通过对连续时间上的状态矩阵 A_c 进行特征值分解得到：

$$A_c = \psi_c\lambda_c\psi_c^{-1} \tag{3-61}$$

式中，$\lambda_c = diag(\lambda_{c_q}) \in \Xi^{N\times N}$，$q = 1,2,3,\cdots,N$，为包含连续时间上的复特征值的对角矩阵；$\psi_c \in \Xi^{N\times N}$ 为特征向量矩阵，每一列代表某一阶的振型向量。根据关系式（3-23）有：

$$A = \exp(A_c\Delta t) \tag{3-62}$$

推导出：

$$\psi_c = \psi \quad \lambda_{c_q} = \frac{\ln(\lambda_q)}{\Delta t} \tag{3-63}$$

A_c 的特征值以复共轭对的形式呈现：

$$\lambda_{c_q},\lambda_{c_q}^* = -\varepsilon_q w_q \pm jw_q\sqrt{1-\varepsilon_q^2} \tag{3-64}$$

式中，ε_q 为第 q 阶模态的阻尼比，w_q（rad/s）为第 q 阶模态的频率。

系统的状态向量 x_k 并不需要具有实际的物理意义，因此，对应状态的特征向量矩阵 ψ 需要进行变换。传感器位置上的模态振型定义为振型矩阵 $\Phi \in \Xi^{l\times N}$ 的列向量 Φ_q，这是系统特征向量矩阵 ψ 中的被观测到的部分。应用观测方程（3-22）：

$$\Phi = C_2\psi \tag{3-65}$$

这样，利用已经辨识到的系统矩阵 A，C_2，系统的模态参数 ε_q、w_q 由式（3-64）计算出，Φ_q 为式（3-65）计算出的振型矩阵 Φ 的列向量。

在数据驱动随机子空间数值计算过程中，对庞大的数据矩阵采用 SVD 分解和 QR 分解，因此计算得到的系统矩阵的各元素都是复数，很显然用式（3-65）计算出的振型矩阵的各元素也是复数。实际上由于非比例阻尼的存在及其他因素，所有测试得到的模态都是复模态。但是大多数工程问题中，采取实模态更直观方便，因此，从复模态振型提取实模态振型具有更重要的工程应用价值。传统的方法[90]近似地认为相应于复模态的实模态向量中分量的模近似为复模态的模，分量的正负号由相位来决定。其他方法有诸如：Ibrahim 提出的扩大模型法，CHEN 提出的从频率响应提取实模态的方法[91]，文献［92］中利用最大化原始振型和变化后振型的相关性来得到实模态振型，文献［93］引入线性变换从复模态振型提取实模态振型。本章在基于参考点的数据驱动随机子空间方法基础上，在 3.5 节中提出了一种改进的数据驱动随机子空间方法识别结构的模态参数，通过构建特征方程的方法识别结构的实模态振型。

3.5　改进的数据驱动随机子空间方法

上述 3.2 节中给出了随机子空间方法中用到的正交投影、统计规律、SVD 和 QR 分解等知识，3.3 节中深入了解了数据驱动随机子空间基本理论，继而引出 3.4 节中基于参考点的数据驱动随机子空间方法。在 3.3 节、3.4 节中给出了数据驱动随机子空间方法中所有公式的详细推导过程，并最终给出了振动系统固有频率、阻尼比、复模态振型的求解公式（3-64）和（3-65）。通过上述方法得到的振动系统固有频率、阻尼比都是可以直接用来描述结构固有特性的，却很难直接应用得到的复模态振型矩阵描述结构的固有振型，因此在本节中将对基于参考点的数据驱动随机子空间方法进行改进，提出一种改进的数据驱动随机子空间方法（Updated-DD-SSI），利用 Updated-DD-SSI 方法识别得到振动系统固有频率、阻尼比、实模态振型。

Updated-DD-SSI 方法的基本原理是建立在 3.3 节、3.4 节的传统数据驱动随机子空间基本原理基础上，重点对求解得到的复模态振型矩阵做了处理。下面给出 Updated-DD-SSI 方法处理复模态振型矩阵的详细推导过程。

3.5.1　改进的数据驱动随机子空间方法基本思路

Updated-DD-SSI 方法识别结构模态参数的基本思路是：首先利用基于

参考点的数据驱动随机子空间方法识别得到结构固有频率、阻尼比，特征值、复模态振型向量；然后引入一变换矩阵对识别得到的复模态振型向量进行缩减变换，利用特征值、缩减变换后的复模态振型向量构建与质量修正刚度矩阵和质量修正阻尼矩阵有关的特征方程组，通过求解质量修正刚度矩阵的特征值问题，得到缩减变换后的实模态振型向量；最后再将实模态振型向量利用变换矩阵还原得到振动系统的原始实模态振型向量。

上述求解固有频率、阻尼比，特征值、复模态振型向量的计算方法如 3.3 节、3.4 节所示。下面给出特征方程方法获取系统实模态振型向量的算法。

3.5.2 特征方程的理论背景

对于运动方程（3-17），具有 n 个自由度。要计算系统的模态参数，外荷载设置为零，相当于自由振动的特征值问题求解：

$$R(t) = \{\psi\}_q e^{\lambda_q t} \tag{3-66}$$

将式（3-66）带入到方程（3-17）中，并设置外荷载为零，得到：

$$(\lambda_q^2 [M] + \lambda_q [C] + [K])\{\psi\}_q = \{0\} \tag{3-67}$$

对于一般的振动弹性力学结构，特征值 λ_q 和特征向量 $\{\psi\}_q$ 都是以复共轭对的形式出现，$q = 1, 2, 3, \cdots, 2n$。如果阻尼矩阵 C 与质量矩阵 M 或刚度矩阵 K 成正比，即满足如下的关系式：

$$[C] = \alpha [M] + \beta [K] \tag{3-68}$$

特征向量 $\{\psi\}_q$ 将被缩减，且组成它的元素将是实数。然而，对于一般阻尼矩阵，这是不可能的。对于无阻尼系统的特征值 λ_q 和特征向量 $\{\psi\}_q$ 具有如下关系式：

$$(\lambda_q^2 [M] + [K])\{\psi\}_q = \{0\} \tag{3-69}$$

（3-69）式中，特征向量 $\{\psi\}_q$ 的元素为实数，且代表了实模态。它是有限元模型用于计算结构模态参数所需要的。

3.5.3 新特征方程的构建

将方程（3-67）左乘 $[M]^{-1}$ 并重新组合写成如下形式：

$$\{[M]^{-1}[K] \quad [M]^{-1}[C]\} \cdot \begin{Bmatrix} \{\psi\}_q \\ \lambda_q \{\psi\}_q \end{Bmatrix} = -\lambda_q^2 \{\psi\}_q \tag{3-70}$$

方程（3-70）对所有 $2n$ 个特征值和特征向量都是有效的，将其展开如下：

$$\{[M]^{-1}[K] \quad [M]^{-1}[C]\} \cdot \begin{Bmatrix} \{\psi\}_1 & \{\psi\}_2 & \cdots & \{\psi\}_{2n} \\ \lambda_1\{\psi\}_1 & \lambda_2\{\psi\}_2 & \cdots & \lambda_{2n}\{\psi\}_{2n} \end{Bmatrix}$$

$$= -[\lambda_1^2\{\psi\}_1 \quad \lambda_2^2\{\psi\}_2 \quad \cdots \quad \lambda_{2n}^2\{\psi\}_{2n}] \qquad (3-71)$$

如果一个完整的模态模型被辨识，且所有 $2n$ 个特征值 λ_q 和特征向量 $\{\psi\}_q$ 可以得到，则通过求解方程（3-71）将得到质量修正阻尼矩阵 $[M]^{-1}[C]$ 和质量修正刚度矩阵 $[M]^{-1}[K]$。

质量修正阻尼矩阵 $[M]^{-1}[C]$ 的特征值问题求解如下：

$$[M]^{-1}[K]\{\varphi\}_q = w_q^2\{\varphi\}_q \qquad (3-72)$$

（3-72）式等价于

$$(-w_q^2[M] + [K])\{\varphi\}_q = \{0\} \qquad (3-73)$$

（3-73）式中的 $\{\varphi\}_q$ 即是要求的实模态振型，w_q 即是无阻尼固有频率。

3.5.4　模态截断

因为实际情况并不是所有 n 个模态都被辨识出来，所以得到的是有限数目的模态模型。换句话说，具有 n 个自由度的结构上布置的传感器的数量 l 为特征向量 $\{\psi\}_q$ 的长度，l 往往大于辨识到的模态数目 r。解决这一问题的办法是进行矩阵缩减变换，也就是将 l 缩减到辨识的模态数目 r。这里利用奇异值分解（SVD）技术[87]定义变换矩阵。

对于一个 $m \times n$ 的矩阵 $[X]$（$m \geqslant n$）的 SVD 定义如下：

$$[X] = [T][\textstyle\sum][V]^T \qquad (3-74)$$

这样就产生了一个 $m \times n$ 的矩阵 $[T]$，一个 $n \times n$ 的矩阵 $[\textstyle\sum]$ 和一个 $n \times n$ 的矩阵 $[V]$。矩阵 $[T]$ 包含 n 个与 $[X][X]^T$ 的 n 个最大的特征值相关的正交特征向量，矩阵 $[V]$ 包含 $[X]^T[X]$ 的 n 个正交特征向量，详细过程可以参见文献 [94]。矩阵 $[\textstyle\sum]$ 的对角元素为奇异值，是 $[X][X]^T$ 的非负平方根。这里利用复特征向量的实部来构建矩阵 $[X]$ 以实现矩阵的缩减变换[93]。

$$[X] = [\mathrm{Re}\{\psi\}_1 \quad \mathrm{Re}\{\psi\}_2 \quad \cdots \quad \mathrm{Re}\{\psi\}_r] \qquad (3-75)$$

按照上述方法构建矩阵 $[X]$ 很重要的一点是：一般特征向量的实部包含了模态振型的足够信息。但是复特征向量需要按一定方式进行变换以达到其实部包含信息的完整性，之后再提取实部组成 $[X]$ 的列向量。变换的方式一种是将最大的特征向量元素变换成 $1+0j$；另一种较好地实现这一变换的方法是最小化特征向量元素与实轴的相位角。两种方法实质都是将复特征向量在复平面内旋转，直到满足最大的特征向量元素与实轴重合，这样从旋转后的特征向量的实部就可以得到模态振型的实质信息。对矩阵 $[X]$ 进行 SVD，得到 $m \times n$ 的矩阵 $[T]$，$[T]$ 就是用来将物理坐标 l 缩减到坐标 r 的变换矩阵。因为矩阵 $[T]$ 包含 n 个正交化的特征向量，因此有：

$$[T]^T[T] = [I] \qquad (3-76)$$

式中 $\{a\}$ 是单位矩阵。

将一个向量 $\{a\}$ 从 l 个物理坐标缩减到 r 个物理坐标可以通过下列变换实现：

$$\{\tilde{a}\} = [T]^T\{a\} \qquad (3-77)$$

反过来，将缩减的物理坐标 r 还原到原物理坐标 l 的变换为：

$$\{a\} = [T]\{\tilde{a}\} \qquad (3-78)$$

SVD 的作用是找出并提取特征向量的线性相关性。空间的旋转包含在变换矩阵 $[T]$ 的向量中，变换后的特征向量 $\{\tilde{\psi}\}_q$ 包含了线性无关的自由度的运动。因此，将方程（3-71）的坐标缩减后就可以将其中的特征向量 $\{\psi\}_q$ 用变换后的特征向量 $\{\tilde{\psi}\}_q$ 代替，以求解方程。

3.5.5 计算结构实模态

通过上述定义的变换矩阵 $[T]$，复特征向量 $\{\psi\}_q$ 从 l 个物理坐标缩减到 r 个物理坐标：

$$\{\tilde{\psi}\}_q = [T]^T\{\psi\}_q \qquad (3-79)$$

变换后的特征向量 $\{\tilde{\psi}\}_q$ 构成的方程组如下：

$$[[\tilde{M}]^{-1}[\tilde{K}] \quad [\tilde{M}]^{-1}[\tilde{C}]] \cdot \begin{Bmatrix} \{\tilde{\psi}\}_1 & \{\tilde{\psi}\}_2 & \cdots & \{\tilde{\psi}\}_{2m_2} \\ \lambda_1\{\tilde{\psi}\}_1 & \lambda_2\{\tilde{\psi}\}_2 & \cdots & \lambda_{2m_2}\{\tilde{\psi}\}_{2m_2} \end{Bmatrix}$$
$$= -[\lambda_1^2\{\tilde{\psi}\}_1 \quad \lambda_2^2\{\tilde{\psi}\}_2 \quad \cdots \quad \lambda_{2m_2}^2\{\tilde{\psi}\}_{2m_2}] \qquad (3-80)$$

通过求解式（3-80）可以得到质量修正刚度矩阵 $[\tilde{M}]^{-1}[\tilde{K}]$，然后求解其特征值问题得到无阻尼固有频率和实模态振型：

$$[\tilde{M}]^{-1}[\tilde{K}]\{\tilde{\varphi}\}_q = w_q^2\{\tilde{\varphi}\}_q \qquad (3-81)$$

最后，通过反向变换，实模态振型从缩减的物理坐标 r 还原到实际的物理坐标 l：

$$\{\psi\}_q = [T]\{\tilde{\psi}\}_q \qquad (3-82)$$

经过上述的特征方程计算方法，系统的实模态振型 $\{\psi\}_q$ 得以求解出。

3.5.6　改进的数据驱动随机子空间方法识别结构模态参数

通过上述分析，将 Updated-DD-SSI 方法识别结构模态参数的过程总结如下：

（1）利用系统输出信号构建块 H 矩阵，定义投影矩阵，并对 H 矩阵和投影矩阵进行 QR 分解和 SVD 分解，得到系统可观测矩阵和状态序列；

（2）绘制稳定图，确定系统阶数 n；

（3）获取系统矩阵；

（4）通过求解系统矩阵的特征值问题，获取系统的固有频率、阻尼比，特征值、复模态振型矩阵；

（5）定义变换矩阵，将复模态振型矩阵进行缩减变换；

（6）利用识别得到的特征值，缩减变换后的复模态振型向量构建与质量修正刚度矩阵和质量修正阻尼矩阵有关的特征方程组；

（7）求解质量修正刚度矩阵的特征值问题，得到缩减变换后的实模态振型向量；

（8）利用变换矩阵，将缩减变换后的实模态振型向量还原为原始的实模态振型向量；

（9）作出对应各阶固有频率、阻尼比的结构振型图。

上述各步骤中，除第 2 个步骤以外，其余步骤在文中都有详细的计算过程和推导公式。下面给出绘制稳定图的方法和步骤。

首先做如下定义：

$$
\begin{cases}
e_{\omega} = \dfrac{|W(i+1,j) - W(i,j)|}{W(i,j)} \times 100\% \\[2mm]
e_{\xi} = \dfrac{|Z(i+1,j) - Z(i,j)|}{Z(i,j)} \times 100\% \\[2mm]
\mathrm{MAC} = \mathrm{MAC}(\{\varphi\}_{i+1,j}, \{\varphi\}_{i,j}) = \dfrac{|\{\varphi\}_{i+1,j}^{T}, \{\varphi\}_{i,j}|^{2}}{(\{\varphi\}_{i+1,j}^{T}, \{\varphi\}_{i+1,j})(\{\varphi\}_{i,j}^{T}, \{\varphi\}_{i,j})}
\end{cases}
$$

$$(3-83)$$

式中，e_{ω} 代表相邻两个系统阶数计算的频率误差，$W(i,j)$ 表示第 j 阶模态的第 i 个频率值，$W(i+1,j)$ 表示第 j 阶模态的第 $i+1$ 个频率值；e_{ξ} 代表相邻两个系统阶数计算的阻尼比误差，$Z(i,j)$ 表示第 j 阶模态的第 i 个阻尼值，$Z(i+1,j)$ 表示第 j 阶模态的第 $i+1$ 个阻尼值；MAC 为模态置信因子，它表示相邻两个系统阶数计算的同一阶模态振型的一致性，$\{\varphi\}_{i,j}$ 代表第 j 阶模态的

第 i 个振型向量，$\{\varphi\}_{i+1,j}$ 代表第 j 阶模态的第 $i+1$ 个振型向量。式（3 - 83）是绘制稳定图时参考的准则。

绘制稳定图的步骤为：

（1）根据参考点个数 r 和块 H 矩阵的行数 $2i$，确定系统最大阶数 $N_{max} \leqslant r \times 2i$，系统最小阶数 N_{min} 一般取 2；

（2）构建频率矩阵 $W \in \Re^{\left(\frac{N_{max}-N_{min}}{2}+1\right) \times \left(\frac{N_{max}-N_{min}}{2}+1\right)}$，阻尼比矩阵 $Z \in \Re^{\left(\frac{N_{max}-N_{min}}{2}+1\right) \times \left(\frac{N_{max}-N_{min}}{2}+1\right)}$，模态置信矩阵 $M \in \Re^{\left(\frac{N_{max}-N_{min}}{2}+1\right) \times LW_{max}}$（$LW_{max}$ 为 n 取不同值时得到的模态参数个数的最大值），令 W、Z、M 的元素为零；

（3）系统阶数依次取 $n = N_{min}, 4, 6, 8, \cdots, N_{max}$，求出对应的频率、阻尼比和振型，将每一个 n 值对应的各阶频率依次写入 W 的各行中、各阶阻尼比依次写入 Z 的各行中，对应各阶振型的相邻两个系统阶数计算的模态置信因子值 MAC 依次写入 M 的各列中；

（4）判断 e_ω 和 e_ξ 是否小于预先设置的某较小值，判断 MAC 是否大于预先设置的某一较大值（一般＞80%），如果满足上述条件，将对应的频率描绘于图中，通常图的横坐标代表频率，纵坐标代表系统阶数。

通过上述步骤即绘制出以频率为横轴，系统阶数为纵轴的稳定图。根据稳定图中稳定极值线确定系统阶数。通常可以将测点的自功率谱叠加曲线与稳定图绘制在同一幅图中，利用峰值和稳定极值线共同确定系统阶数。

3.6 改进的数据驱动随机子空间方法识别系统动力参数的程序

根据 3.3 节、3.4 节的数据驱动随机子空间识别动力参数的计算原理，及 3.5 节通过构建特征方程的方法从数据驱动随机子空间识别出的复振型矩阵中提取实模态振型的计算方法和详细推导过程，本书提出了一种改进的数据驱动随机子空间方法（Updated - DD - SSI）识别系统的动力参数，并利用 matlab 软件编制了提出的模态参数识别方法的计算程序，列于附录 1 中。图 3 - 2 给出了用 matlab 编制的改进的数据驱动随机子空间方法的程序流程图。

Updated - DD - SSI 方法识别结构动力参数的步骤为：

（1）通过环境激励测试得到结构的加速度响应信号，包括参考点和非参考点的加速度采集数据，对加速度响应信号进行消除趋势项、平滑、数字滤波等预处理分析；

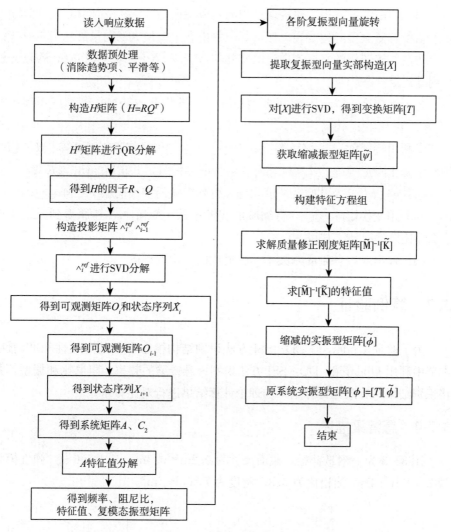

图 3-2 Updated-DD-SSI 识别方法程序流程图

（2）利用预处理后的加速度响应数据构建 Hankel 矩阵 H，对 Hankel 矩阵 H 进行 QR 分解得到 $H = RQ^T$；

（3）利用 Hankel 矩阵 H 的 QR 分解因子 R、Q 求解投影矩阵 Λ_i^{ref} 和 Λ_{i-1}^{ref}，并对 Λ_i^{ref} 进行奇异值分解得到可观测矩阵 O_i 和状态序列 $\hat{X}_i$，其中可观测矩阵 O_{i-1} 通过去掉 O_i 的最后 l 行得到，利用 Λ_{i-1}^{ref} 和 O_{i-1} 得到状态序列 $\hat{X}_{i+1}$；

（4）由状态序列 $\hat{X}_{i+1}$ 和输出响应 $Y_{i|i}$ 得到系统矩阵 A 和 C_2，对 A 进行特征值分解得到结构的频率、阻尼比和复模态振型；

（5）利用特征方程方法提取结构的实模态振型；

①各阶复振型向量旋转，使得每一阶模态中模最大的向量旋转为 $1+0j$；

②提取旋转后的复振型向量的实部构造矩阵 $[X]$，对 $[X]$ 进行 SVD 分解得到变换矩阵 $[T]$；

③利用变换矩阵 $[T]$ 将复振型矩阵 $[\psi]$ 进行缩减变换得到缩减振型矩阵 $[\tilde{\psi}] = [T]^T[\psi]$；

④利用特征值 λ_i、缩减振型矩阵 $[\tilde{\psi}]$ 构建与质量修正刚度矩阵 $[\tilde{M}]^{-1}[\tilde{K}]$ 和质量修正阻尼矩阵 $[\tilde{M}]^{-1}[\tilde{C}]$ 有关的特征方程组，并求解 $[\tilde{M}]^{-1}[\tilde{K}]$；

⑤求解 $[\tilde{M}]^{-1}[\tilde{K}]$ 的特征值问题，得到缩减的实模态振型矩阵 $[\tilde{\varphi}]$；

⑥利用变换矩阵 $[T]$，将缩减的实模态振型矩阵 $[\tilde{\varphi}]$ 还原得到系统实模态振型矩阵 $[\varphi] = [T][\tilde{\varphi}]$。

（6）作出对应各阶固有频率、阻尼比的结构振型图。

3.7 算例验证

为了验证 Updated - DD - SSI 方法识别结构模态参数的有效性和准确性，本节中利用 Updated - DD - SSI 方法识别一悬臂梁的频率、阻尼比和振型，并将识别结果与有限元计算结果和理论计算结果进行对比分析。

3.7.1 悬臂梁描述

图 3 - 3 为一钢悬臂梁，截面尺寸为 0.2m×0.3m，长 $l = 6$ m，弹性模量为 $2.1×10^{11}$ Pa，泊松比为 0.3，密度为 7 800kg/m³。

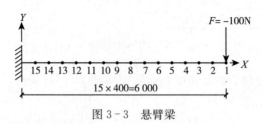

图 3 - 3　悬臂梁

3.7.2 悬臂梁有限元计算

3.7.2.1 时程分析

进行时程分析的目的是为了获得悬臂梁节点的加速度响应数据，以便利用

Updated-DD-SSI 方法和峰值拾取法（PP 法）进行悬臂梁的模态参数识别。

利用有限元模拟在悬臂端突加一激励力 $F=-100$ N，时间间隔设置为 0.001s，通过计算得到各节点的位移响应数据。每隔 0.4m 选择一个节点的位移响应数据（不包括固定端的节点），共 15 个节点，对这 15 个节点的位移响应数据二次微分获得加速度响应数据。图 3-4 给出了悬臂端节点 1 的加速度响应曲线。

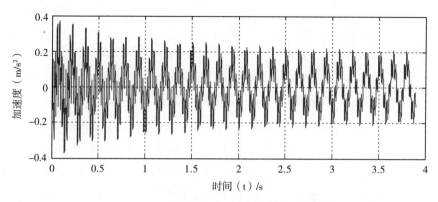

图 3-4　悬臂端节点 1 的加速度响应曲线

3.7.2.2　模态分析

利用有限元模态分析功能，定义悬臂梁为 BEAM3 单元，将梁划分为 15 个单元，进行模态计算。计算得到悬臂梁前三阶频率分别为：$f_1=6.982$ Hz，$f_2=43.627$ Hz，$f_3=121.6$ Hz。图 3-5 给出了悬臂梁的前三阶振型图。

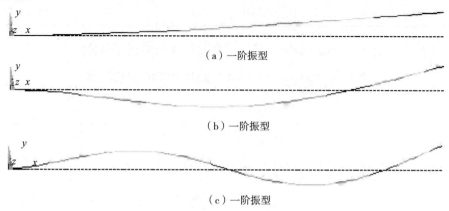

（a）一阶振型

（b）一阶振型

（c）一阶振型

图 3-5　悬臂梁有限元模态分析振型

3.7.3 识别悬臂梁频率、阻尼比、振型

3.7.3.1 Updated-DD-SSI 方法

表 3-1 为 Updated-DD-SSI 方法识别的复模态振型向量：

表 3-1 Updated-DD-SSI 方法识别的复模态振型向量

节点号	1 阶	2 阶	3 阶
1	0.115−0.023 0i	−0.029 7+0.081 5i	−0.048 5+0.006 94i
2	0.104−0.020 8i	−0.020 2+0.055 5i	−0.023 1+0.003 27i
3	0.093 6−0.018 7i	−0.010 9+0.029 9i	0.000 557−0.000 136 i
4	0.083 2−0.016 6i	−0.002 06+0.005 59i	0.019 3−0.002 82i
5	0.072 8−0.014 5i	0.005 93−0.016 3i	0.030 1−0.004 33i
6	0.062 7−0.012 5i	0.012 6−0.034 6i	0.031 1−0.004 42i
7	0.052 9−0.010 6i	0.017 6−0.048 1i	0.022 7−0.003 18i
8	0.043 4−0.008 73i	0.020 5−0.056 3i	0.007 57−0.001 01i
9	0.034 6−0.006 95i	0.021 4−0.058 7i	−0.010 2+0.001 50i
10	0.026 4−0.005 29i	0.020 3−0.055 7i	−0.025 7+0.003 67i
11	0.019 0−0.003 77i	0.017 5−0.048 1i	−0.035 1+0.004 95i
12	0.012 6−0.002 47i	0.013 5−0.037 1i	−0.036 1+0.005 07i
13	0.007 31−0.001 41i	0.008 93−0.024 5i	−0.029 2+0.004 09i
14	0.003 36−0.000 633i	0.004 57−0.012 6i	−0.017 3+0.002 42i
15	0.000 866−0.000 160i	0.001 30−0.003 56i	−0.005 45+0.000 760i

表 3-2 为 Updated-DD-SSI 方法提取的实模态振型向量。

表 3-2 Updated-DD-SSI 方法提取的实模态振型向量

节点号	1 阶	2 阶	3 阶
1	1.000	1.000	1.000
2	0.909	0.681	0.477
3	0.816	0.367	−0.011 6
4	0.725	0.068 7	−0.400
5	0.636	−0.200	−0.621

（续）

节点号	1 阶	2 阶	3 阶
6	0.547	−0.423	−0.642
7	0.461	−0.591	−0.469
8	0.380	−0.691	−0.156
9	0.301	−0.720	0.210
10	0.229	−0.683	0.531
11	0.166	−0.589	0.725
12	0.110	−0.454	0.746
13	0.063 6	−0.301	0.602
14	0.029 1	−0.154	0.356
15	0.007 54	−0.043 8	0.113

　　利用悬臂梁有限元时程分析计算得到的 15 个节点的加速度响应数据构建块 H 矩阵，选择节点 1、2 和 3 为参考点，系统阶数 n 从 4 变化到 30。利用 Updated‑DD‑SSI 方法识别悬臂梁的频率、阻尼比、振型。设定式（3‑83）中的频率误差 $e_\omega < 1\%$、阻尼比误差 $e_\xi < 10\%$、模态置信因子 MAC $> 90\%$，作出系统的稳定图，如图 3‑6 所示。

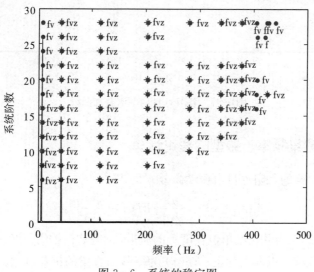

图 3‑6　系统的稳定图

图 3-6 中峰值曲线代表各节点自谱曲线的叠加，f 代表频率稳定，fv 代表频率和振型稳定，fz 代表频率和阻尼稳定，* 代表稳定极点。这里主要是用悬臂梁来验证所提出的 Updated-DD-SSI 方法的可靠性，可仅分析前三阶模态，由图 3-6 可以明显地看出取系统的阶数 $n = 6$ 可计算出稳定的前三阶模态，而且这三阶模态与自谱叠加曲线的峰值相吻合。

利用 Updated-DD-SSI 方法识别得到的悬臂梁前三阶频率分别为：$f_1 = 6.976\ \text{Hz}$，$f_2 = 43.358\ \text{Hz}$，$f_3 = 116.149\ \text{Hz}$。阻尼比分别为 $\xi_1 = 0.11\%$，$\xi_2 = 0.066\%$，$\xi_3 = 0.18\%$。识别得到的悬臂梁的前三阶复模态振型向量列于表 3-1 中，由各复模态振型向量无法直观地看到悬臂梁的振型形状，因此，利用构建特征方程的方法，将复模态振型向量转化为实模态振型向量并作归一化处理后列于表 3-2 中。

3.7.3.2　峰值拾取法

为了探索 Updated-DD-SSI 方法识别得到的悬臂梁模态参数的精度，利用峰值拾取法识别了悬臂梁的频率以作对比。

图 3-7 给出了各节点自功率谱叠加曲线，曲线上仅有三个明显的峰值，分别对应的频率为：$f'_1 = 7.813\text{Hz}$，$f'_2 = 42.97\text{Hz}$，$f'_3 = 115.2\text{Hz}$，列于表 3-3 中。

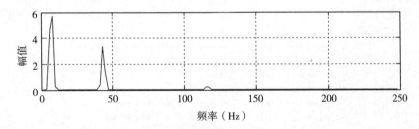

图 3-7　各节点自功率谱叠加曲线

3.7.4　悬臂梁频率、振型的理论计算

根据欧拉梁的无阻尼自由振动微分方程[95]：

$$m(x) \cdot \frac{\partial^2 y}{\partial t^2} + \frac{\partial^2}{\partial x^2}\left[EI(x) \cdot \frac{\partial^2 y}{\partial x^2}\right] = 0 \qquad (3-84)$$

式中，$m(x)$ 为欧拉梁单位长度上的质量；x 为欧拉梁的长度；$y(x,t)$ 为欧拉梁的横向位移，以向上为正；$EI(x)$ 为变截面直梁的抗弯刚度。当为等截面时，$m(x)$ 和 $EI(x)$ 为常数。

满足如下约束条件：

固定端

$$y = \frac{\partial y}{\partial x} = 0 \qquad (3-85)$$

自由端

$$\frac{\partial^2 y}{\partial x^2} = \frac{\partial}{\partial x}\left(EI. \frac{\partial^2 y}{\partial x^2}\right) = 0 \qquad (3-86)$$

根据微分方程（3-84）及约束条件（3-85）和（3-86）求得等截面直悬臂梁的前三阶固有频率表达式为：

$$f_q = \frac{1}{2\pi}. a_q^2 \sqrt{\frac{EI}{m}}\ (q=1,2,3) \qquad (3-87)$$

各阶振型函数表达式为：

$$\varphi_q(x) = C\left[\cos(a_q x) - \cosh(a_q x) + \frac{\cos(a_q l) + \cosh(a_q l)}{\sin(a_q l) + \sinh(a_q l)}(\sinh(a_q x) - \sin(a_q x))\right]$$

$$(3-88)$$

式中，$a_1 = \dfrac{1.875}{l}$，$a_2 = \dfrac{4.694}{l}$，$a_3 = \dfrac{7.855}{l}$，C 为常数。

3.7.5　计算结果分析

表 3-3　悬臂梁的动力参数

模态阶数	频率 f/Hz				阻尼比 ξ%
	Updated-DD-SSI 方法识别值	PP法识别值	有限元值	理论值	Updated-DD-SSI 方法识别值
1	6.976	7.813	6.982	6.984	0.11
2	43.358	42.97	43.627	43.772	0.066
3	116.149	115.2	121.600	122.575	0.18

表 3-4　各种方法计算频率与频率理论值的百分比误差

模态阶数	Updated-DD-SSI 方法	PP法	有限元法
1	0.115%	11.870%	0.029%
2	0.946%	1.832%	0.331%
3	5.243%	6.017%	0.795%

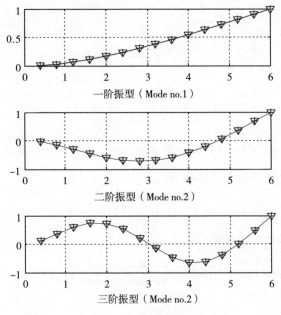

一阶振型（Mode no.1）

二阶振型（Mode no.2）

三阶振型（Mode no.2）

图 3-8　悬臂梁的模态振型

　　将悬臂梁频率和阻尼比的识别结果列于表 3-3 中，同时将频率的有限元计算结果和理论计算结果列于表中以作对比。从计算结果看，四种方法得到的频率值相差很小，吻合较好。表 3-4 中列出了两种识别方法和有限元方法计算频率与理论频率的误差百分比，从结果看，有限元频率与理论频率的误差百分比最小，Updated-DD-SSI 方法识别频率与理论频率的误差百分比次之，PP 法识别频率与理论频率的误差百分比最大，由此验证了 Updated-DD-SSI 方法识别频率的精度较 PP 法高。

　　比较图 3-6 和图 3-7，Updated-DD-SSI 方法作出的稳定图有 7 条稳定极值线，即对应 7 阶模态；PP 法的自功率谱叠加曲线出现的峰值仅有三个，即对应 3 阶模态。说明利用相同的加速度响应，Updated-DD-SSI 方法比 PP 法能识别得到更多模态数目。

　　利用 Updated-DD-SSI 方法识别的悬臂梁振型结果（表 3-2）作出振型图见图 3-8，同时将利用公式（3-88）计算的理论振型结果描绘于图中以作对比。图 3-8 绘制出了悬臂梁的前三阶振型。图中符号▽代表振型的识别值，符号＋代表振型的理论值。可以看出，悬臂梁振型的 Updated-DD-SSI 方法识别值和理论值在各节点处都非常吻合。对比图 3-8 与图 3-5 悬臂梁的有限元模态分析振型，各阶振型变化亦完全一致。由此，通过有限元和理论振型结果，验证了 Updated – DD – SSI 方法识别结构振型的有效性和准确性。

3.8　本章小结

本章首先给出了结构模态参数识别的随机子空间方法计算过程中用到的投影变换和数理统计知识、SVD 和 QR 分解技术。之后深入了解了随机子空间方法的基本原理，由确定性系统下的随机子空间方法到随机系统下的基于参考点的数据驱动随机子空间方法的推导过程。随后提出了改进的数据驱动随机子空间识别方法（Updated – DD – SSI 方法），并给出了该方法的计算原理，重点推导了该方法由复模态振型矩阵提取实模态振型矩阵的计算过程。最后利用 Updated – DD – SSI 方法识别了一悬臂梁的频率、阻尼比、振型，将识别结果与峰值拾取法识别结果、有限元结果和理论结果进行对比分析，验证了利用 Updated – DD – SSI 方法识别结构频率、阻尼比、振型的准确性和可靠性。

第四章 立筒仓结构的有限元数值模拟

4.1 引言

立筒仓，不同于普通的建筑结构，更不同于桥梁结构，很难将其简化为平面结构而获取所需的真实模态。而且实际应用中的立筒仓，仓内通常装有贮料，而贮料对立筒仓模态有一定的影响，要研究立筒仓的模态，不但要考虑其自身结构特性，还要考虑贮料的作用。因此，需要综合利用数值模拟、试验测试和理论分析相结合的方法研究立筒仓这类特殊结构物的模态。本章以立筒单仓和群仓为研究对象，而且考虑了立筒仓内装有贮料的多种情况，对其进行了有限元模态分析。分析结果对于第五章进行环境激励测试立筒仓的测点布置与优化具有很强的指导作用。并为第六章利用改进的数据驱动随机子空间方法（Updated-DD-SSI方法）识别的立筒仓模态参数提供对比依据。

4.2 ANSYS有限元模态分析基本理论和求解过程

模态分析的经典定义是[90]：采用某种转换方式将振动微分方程组中的线性定常系统的物理坐标变换为模态坐标，使振动微分方程组解耦，解耦后的方程组变为一组以模态坐标及模态参数描述的独立方程，从而求出系统的模态参数。

ANSYS的模态分析为线性分析[96]，在此过程中定义的任何非线性特性都将被忽略，如塑性和接触单元的定义。ANSYS中可进行的模态分析包括：一般无阻尼和有阻尼结构的模态分析、循环对称结构的模态分析、有预应力循环对称结构的模态分析、一般预应力模态分析和大变形静力分析后有预应力模态分析。模态提取方法有：分块兰索斯法、阻尼法、QR阻尼法、子空间迭代法、非对称法、缩聚法或凝聚法和PowerDynamics法。

模态分析的基本过程包括以下四个步骤：

4.2.1　建模

在此过程中要建立待分析结构的几何模型、有限元模型，并根据结构的实际材料定义材料性质、单元类型、实常数等。这里需要注意两个问题：①模态分析中只有线性行为是有效的，如果指定了非线性单元，则将被当作是线性的；②材料性质可以是线性的、各向同性的、正交各向异性的、恒定的或与温度有关的。模态分析中必须定义材料的弹性模量 E 和密度 ρ。

4.2.2　加载、求解

对待分析结构完成建模过程后，就需要对其施加载荷或约束，并进行固有频率的求解。在一般的模态分析中（预应力效应除外的模态分析），唯一有效的"荷载"为零位移约束，如果在某个自由度上指定了非零位移约束，程序也将以零位移约束代替。

4.2.3　扩展模态

在模态计算时，需要定义模态扩展数目、频率范围、单元计算控制等，因为扩展模态步骤将振型写入结果文件，得到结构的完整振型，以便在后处理中查看振型结果。

4.2.4　后处理

模态分析的结果被写入结果文件 $Jobname.rst$ 中，包括结构的固有频率、模态振型及相对应力分布。通过查看各荷载步的结果，得到对应某阶固有频率的结构振型。

4.3　立筒仓有限元模态分析

考虑到实际应用中的立筒仓，仓内通常装有贮料，根据仓内装有贮料的情况，将立筒仓分为几种荷载工况。

（1）单仓的荷载工况：

①单仓内没有装任何贮料为空仓工况；

②单仓内装满贮料为满仓工况；

③单仓内装有贮料，但是没有装满，统称为半满仓工况。

（2）群仓的荷载工况：

①组成群仓的各单仓及单仓与单仓之间的星仓内没有装任何贮料为空仓工况；

②组成群仓的各单仓内或单仓与单仓之间的星仓内全都装满贮料为满仓工况；

③组成群仓的部分单仓内装有贮料（装满或没有装满）或单仓与单仓之间的部分星仓内装有贮料（装满或没有装满）为部分满仓工况。

本章中选择了四个模型仓进行有限元模态分析，分别为：柱支承单仓模型、筒壁支承单仓模型、柱支承群仓模型和筒壁支承群仓模型。选择了两个实际工作状态下的立筒仓进行有限元模态分析，分别为：煤仓（单仓）和东郊粮库筒壁支承群仓。

4.3.1 柱支承单仓模型

4.3.1.1 柱支承单仓模型简介

图 4-1 所示的立筒单仓模型是国家自然科学基金（50678061）项目中，在同济大学土木工程防灾国家重点实验室根据相似理论制作的上海外高桥柱支承粮仓的 1/16 模型。该单仓是 2007 年经过振动台试验后的模型。该单仓是独立的，与图中其他仓不相连。单仓没有顶盖，环梁到单仓顶部的高度为 2m，环梁高度为 50mm，环梁以下有 12 根截面尺寸为 50mm×50mm 的柱子支承整个筒仓，柱子高度为 0.5m。单仓外半径为 389mm，仓壁厚度为 14mm，单仓有一个锥形漏斗，漏斗壁厚为 14mm。单仓内没有装贮料。

图 4-1 柱支承单仓模型

4.3.1.2　主要计算参数

筒壁支承单仓模型所用的材料为微粒混凝土，对单仓模型进行有限元模态计算时，其物理参数的取值如下：

(1) 弹性模量：$E = 8.983 \times 10^3$ MPa；

(2) 泊松比：$\mu = 0.2$；

(3) 密度：$\rho = 2\,000$ kg/m³。

4.3.1.3　单元类型

组成柱支承单仓模型的主要构件包括：仓壁、漏斗、环梁、柱子。这些主要构件在建立有限元模型时均给予考虑，各类构件的单元类型定义如下：

(1) SHELL63 单元：仓壁、漏斗；

(2) BEAM188 单元：环梁、柱子。

4.3.1.4　单仓频率

利用有限元模态分析计算出的单仓一阶频率 $f_1 = 20.65$ Hz。在同济大学对单仓进行了地震模拟振动台试验，施加地震波之前，对空仓工况下的单仓进行了白噪声扫描，测试得到了加速度响应，分析得到单仓的一阶频率为 $f_1' = 21$ Hz。比较 f_1 和 f_1'，相差仅为 0.35 Hz。说明单仓的有限元模态分析结果是准确的。

4.3.1.5　单仓振型

由于柱支承单仓模型经历过地震模拟振动台试验，模型有一定程度的损伤，其自振频率较原始模型必然有较大差别，在建立单仓的有限元模型时，并没有考虑模型的损伤，因此有限元模态计算出的频率不作为第六章对基于环境激励的柱支承单仓模型进行模态参数辨识后识别得到的频率的对比因素。虽然单仓模型有一定程度的损伤，但是结构整体并没有外形的改变或因振动台实验造成整个结构破坏掉，所以利用有限元计算出的原始单仓模型的振型对第五章单仓模型环境激励测试方案设计仍然具有重要的指导作用，因此在本节中重点分析单仓模型的各阶振型。

图 4-2 给出了柱支承单仓模型的前四阶振型图。单仓模型的一阶振型为沿某一方向的弯曲；三阶振型为单仓整体的扭转，从图 4-2（c）可以看出扭转变形主要是 12 根柱子绕着某一方向的转动带动上部筒体的整体转动，而筒体各个位置处的变形没有差别，这说明柱支承单仓的支承体系柱子相对上部筒体刚度较低；二阶、四阶振型均表现为仓壁的翘曲，而且翘曲变形最大的部位均靠近仓顶处，二阶振型的平面形状近似为一"椭圆"，四阶振型平面上有三

个外凸的波形和三个内凹的波形。

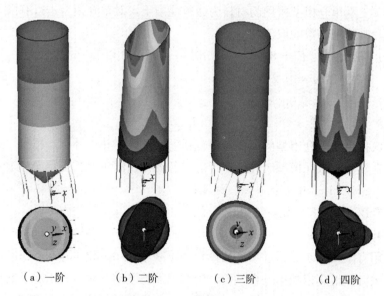

（a）一阶 　（b）二阶 　（c）三阶 　（d）四阶

图 4-2　柱支承单仓模型的四阶振型图

4.3.1.6　结论

通过对柱支承单仓模型的有限元模态分析，可以发现由于单仓模型的中心对称性，其各阶振型非常有规律，第一阶模态为沿某一方向的弯曲，第二阶、第四阶模态均为仓壁的翘曲模态，第三阶模态为单仓筒体跟随柱子的整体扭转。如果分析更高阶数的模态可以发现，四阶及以上的模态主要是仓壁的翘曲，而且模态振型平面的波形数目随着模态阶数的增加逐渐递增。

4.3.2　筒壁支承单仓模型

4.3.2.1　筒壁支承单仓模型简介

图 4-3 所示立筒单仓模型是国家自然科学基金（50678061）项目中，在同济大学土木工程防灾国家重点实验室根据相似理论制作的舟山省级直属中转储备粮库筒壁支承粮仓的 1/16 模型。该单仓是 2009 年经过振动台试验后的模型。该单仓是独立的，与图中其他仓不相连。单仓没有顶盖，环梁到单仓顶部的高度为 1.69m，环梁高度为 50mm，环梁到单仓底部的高度为 0.5m。单仓的外半径为 389mm，仓壁厚度为 14mm，单仓有一个锥形漏斗，漏斗壁厚为 14mm。单仓内没有装贮料。

图 4-3　筒壁支承单仓模型

4.3.2.2　主要计算参数

筒壁支承单仓模型所用的材料为微粒混凝土,对单仓模型进行有限元模态计算时,其物理参数的取值如下:

(1) 弹性模量:$E = 7.5 \times 10^3 \text{MPa}$;

(2) 泊松比:$\mu = 0.2$;

(3) 密度:$\rho = 2\,000 \text{kg/m}^3$。

4.3.2.3　单元类型

组成筒壁支承单仓模型的主要构件包括:仓壁、漏斗、环梁。这些主要构件在建立有限元模型时均给予考虑,各类构件的单元类型定义如下:

(1) SHELL63 单元:仓壁、漏斗;

(2) BEAM188 单元:环梁。

4.3.2.4　单仓频率

利用有限元模态分析计算出的单仓一阶频率 $f_1 = 26.3 \text{ Hz}$。在同济大学对单仓进行了地震模拟振动台试验,施加地震波之前,对空仓工况下的单仓进行了白噪声扫描,测试得到了加速度响应,分析得到单仓的一阶频率为 $f'_1 = 27 \text{ Hz}$。比较 f_1 和 f'_1,相差 0.7Hz。说明单仓的有限元模态分析结果是准确的。

4.3.2.5　单仓振型

由于筒壁支承单仓模型经历过地震模拟振动台试验,模型有一定程度的损伤,其自振频率较原始模型必然有较大差别,在建立单仓的有限元模型时,并没有考虑模型的损伤,因此有限元模态计算的频率不作为第六章对基于环境激励的筒壁支承单仓模型进行模态参数辨识后识别得到的频率的对比因素。虽然单仓模型有一定程度的损伤，但是结构整体并没有外形的改变或因振动台实验造成整个结构破坏掉，所以利用有限元计算出的原始单仓模型的振型对第五章单仓模型环境激励测试方案设计仍然具有重要的指导作用，因此在本节中重点分析单仓模型的各阶振型。

图 4-4 给出了筒壁支承单仓模型的前四阶振型图。单仓模型的一阶振型为沿某一方向的弯曲；二阶、三阶、四阶振型均表现为仓壁的翘曲，而且翘曲变形最大的部位均靠近仓顶处，二阶振型的平面形状近似为一"椭圆"，三阶振型平面上有三个外凸的波形和三个内凹的波形，四阶振型平面上有四个外凸的波形和四个内凹的波形。

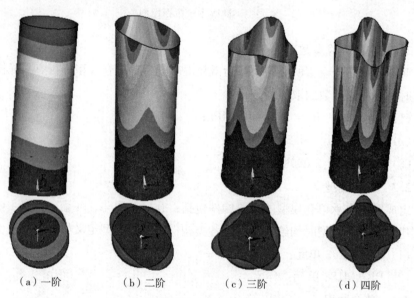

（a）一阶   （b）二阶   （c）三阶   （d）四阶

图 4-4　筒壁支承单仓模型的四阶振型图

4.3.2.6　结论

通过对筒壁支承单仓模型的有限元模态分析，可以发现由于单仓模型的中心对称性，其各阶振型非常有规律，第一阶模态为沿某一方向的弯曲，从第二阶模态开始，主要表现为仓壁的翘曲模态，而且模态振型平面的波形数目逐渐递增。

通过比较筒壁支承单仓模型与 4.3.1 节中柱支承单仓模型的各阶模态振型，发现筒壁支承单仓模型没有扭转振型的出现，说明筒壁支承体系的刚度比柱支承体系刚度大，支承更加牢固。

4.3.3　柱支承立筒群仓模型

4.3.3.1　柱支承立筒群仓模型简介

图 4-5 所示的柱支承立筒群仓模型是国家自然科学基金（50678061）项目中，在同济大学土木工程防灾国家重点实验室根据相似理论制作的上海外高桥柱支承粮仓的 1/16 立筒群仓模型（2×3）。该群仓是 2007 年经过振动台试验后的模型。

该群仓用钢板作顶盖，钢板底部有梁支承，环梁到顶盖底面的高度为 2m，环梁高度为 50mm，环梁以下柱子的高度为 0.5m，组成群仓的各个单仓大小相等，单仓外半径为 389mm，仓壁厚度为 14mm，每个单仓有一个锥形漏斗，漏斗壁厚为 14mm，每个单仓底部由 12 根柱子支承，在单仓与单仓相接处，柱子连成整体。组成群仓的各个单仓内均没有贮料。

图 4-5　柱支承立筒群仓模型

4.3.3.2　主要计算参数

柱支承群仓模型所用的材料为微粒混凝土，对群仓模型进行有限元模态计算时，其物理参数的取值如下：

（1）弹性模量：$E = 8.983 \times 10^3 \mathrm{MPa}$；

（2）泊松比：$\mu = 0.2$；

（3）密度：$\rho = 2\,000 \mathrm{kg/m^3}$。

4.3.3.3　单元类型

组成柱支承群仓模型的主要构件包括：钢板顶盖、顶盖底部的支承梁、仓壁、漏斗、环梁、柱子。这些主要构件在建立有限元模型时均给予考虑，各类构件的单元类型定义如下：

（1）SHELL63 单元：仓顶盖、仓壁、漏斗；

（2）BEAM188 单元：顶盖底部的支承梁、环梁、柱子。

4.3.3.4　群仓频率

利用有限元模态分析计算出的群仓一阶频率 $f_1 = 21.2\text{Hz}$，$f_2 = 21.6\text{Hz}$。在同济大学对群仓进行了地震模拟振动台试验，施加地震波之前，对空仓工况下的群仓进行了白噪声扫描，测试得到了加速度响应，分析得到群仓的一阶频率为 $f'_1 = 24.4\text{Hz}$，$f'_2 = 24.8\text{Hz}$。比较 f_1 和 f'_1，相差 3.2Hz，比较 f_2 和 f'_2，相差亦为 3.2Hz。从数值上看，计算频率和试验频率的差值较大，主要原因是：有限元计算群仓时采用的是壳单元和梁单元，与实际模型有一定的差别，使得有限元模型较实际模型刚度变小了，因此频率有所降低。

4.3.3.5　群仓振型

由于柱支承群仓模型经历过地震模拟振动台试验，模型有一定程度的损伤，其频率较原始模型必然有较大差别，在建立群仓的有限元模型时，并没有考虑模型的损伤，因此有限元模态计算的频率不作为第六章对基于环境激励的柱支承群仓模型进行模态参数辨识后识别得到的频率的对比因素。虽然群仓模型有一定程度的损伤，但是结构整体并没有外形的改变或因振动台实验造成整个结构破坏掉，所以利用有限元计算出的原始群仓模型的振型对第五章群仓模型环境激励测试方案设计仍然具有重要的指导作用，因此在本节中重点分析群仓模型的各阶振型。

图 4-6a、b、c 三幅图分别给出了柱支承群仓模型的一阶、二阶、三阶振型。从振型图可以看出，群仓模型的一阶振型为沿短轴方向的弯曲；二阶振型为沿长轴方向的弯曲；三阶振型为群仓整体的扭转。而且可以看出由于柱支承体系刚度较小，柱子的变形较大，前两阶振型的变化主要体现为环梁上部的筒体随柱子的弯曲而弯曲，一阶振型中筒体上半部分各位置处的变形一致，下半部分各位置处的变形一致；二阶振型中筒体上部 2/3 各位置处的变形一致，下部 1/3 各位置处的变形一致。观测图 4-6（c）群仓的扭转振型可以发现，六个筒体随柱子的扭转而扭转，而且四个角仓的扭转较其他单仓的扭转明显。

图 4-7a、b 两幅图分别给出了柱支承群仓模型的四阶、五阶振型，从振型图可以看出，群仓的高阶模态呈现为组成群仓的单仓仓壁的翘曲，而且翘曲模态首先出现在角仓仓壁上。而且可以发现支承体系柱子亦有扭转变形出现。

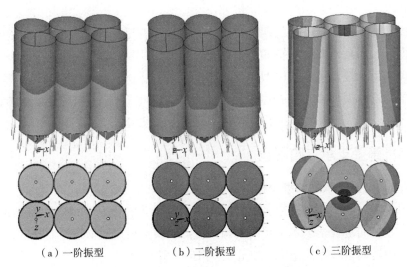

（a）一阶振型　　　　　（b）二阶振型　　　　　（c）三阶振型

图 4-6　柱支承群仓模型的前三阶振型

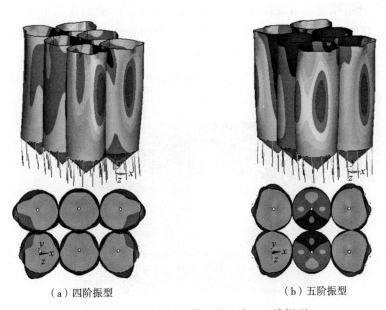

（a）四阶振型　　　　　　　　　　（b）五阶振型

图 4-7　柱支承群仓模型的四阶、五阶振型

4.3.3.6　结论

通过对柱支承群仓模型的有限元模态分析，得出如下结论：

（1）柱支承群仓模型的前三阶模态为群仓整体的变形，前两阶振型分别为短轴方向和长轴方向的弯曲，第三阶振型为组成群仓的各单仓筒体随柱子的扭转；

（2）柱支承群仓模型的四阶及以上振型主要表现为组成群仓的单仓仓壁的翘曲模态，而且首先出现在四个角仓上；

（3）由于柱支承群仓模型的支承体系较柔，群仓模型的各阶振型中都伴随有柱子的弯曲振型或扭转振型，因此，柱支承群仓的支承体系是重点考虑的对象。

4.3.4　筒壁支承立筒群仓

4.3.4.1　筒壁支承立筒群仓模型简介

图 4-8 所示的筒壁支承立筒群仓模型是国家自然科学基金（50678061）项目中，在同济大学土木工程防灾国家重点实验室根据相似理论制作的舟山省级直属中转储备粮库筒壁支承粮仓的 1/16 模型（2×3）。图 4-8 所示的群仓是 2009 年经过振动台试验后的模型。

该群仓用厚度为 12mm 的钢化玻璃作顶盖，环梁到顶盖底面的高度为1.69m，环梁高度为 50mm，环梁到群仓底部的高度为 0.5m，组成群仓的各个单仓大小相等，单仓的外半径为 389mm，仓壁厚度为 14mm，每个单仓有一个锥形漏斗，漏斗壁厚为 14mm。组成群仓的紧邻图 4-8 中右边两个单仓的中间仓内装满沙子。

图 4-8　筒壁支承立筒群仓模型

4.3.4.2　主要计算参数

筒壁支承群仓模型所用的材料为微粒混凝土，对群仓模型进行有限元模态计算时，其物理参数的取值如下：

（1）弹性模量：$E = 7.5 \times 10^3 \text{MPa}$；

（2）泊松比：$\mu=0.2$；

（3）密度：$\rho=2\,000\mathrm{kg/m^3}$。

中间仓内的贮料为沙子，其物理参数的取值如下：

（1）质量：$M=1\,397\mathrm{kg}$；

（2）密度：$\rho_b=1\,740\mathrm{kg/m^3}$。

4.3.4.3　单元类型

组成筒壁支承群仓模型的主要构件包括：钢化玻璃顶盖、仓壁、漏斗、环梁。这些主要构件在建立有限元模型时均给予考虑，各类构件及中间仓内的贮料沙子的单元类型定义如下：

（1）SHELL63 单元：仓顶盖、仓壁、漏斗；

（2）BEAM188 单元：环梁；

（3）MASS21 单元：沙子。

4.3.4.4　群仓频率

利用有限元模态分析计算出的群仓一阶频率 $f_1=65.3\mathrm{Hz}$，$f_2=73.5\mathrm{Hz}$。在同济大学对群仓进行了地震模拟振动台试验，施加地震波之前，对空仓工况下的群仓进行了白噪声扫描，测试得到了加速度响应，分析得到群仓的一阶频率为 $f'_1=65\mathrm{Hz}$，$f'_2=67\mathrm{Hz}$。比较 f_1 和 f'_1，相差仅为 $0.3\mathrm{Hz}$，吻合较好。比较 f_2 和 f'_2，相差 $6.5\mathrm{Hz}$，从数值上看，计算频率和试验频率的差值较大，主要原因可能有两个：①利用试验加速度响应进行群仓模态参数识别时，采用的峰值拾取法，主观拾取峰值产生的误差；②有限元计算时，群仓底部所有节点的自由度全部约束，造成群仓有限元模型较实际模型刚度变大。

4.3.4.5　群仓振型

由于筒壁支承群仓模型经历过地震模拟振动台试验，模型有一定程度的损伤，其自振频率较原始模型必然有较大差别，在建立群仓的有限元模型时，并没有考虑模型的损伤，因此有限元模态计算出的自振频率不作为第六章对基于环境激励的群仓模型进行模态参数辨识后识别出的自振频率的对比因素。在这一节中没有将有限元模态分析得到的群仓模型的自振频率列出。虽然群仓模型有一定程度的损伤，但是结构整体并没有外形的改变或因振动台实验造成整个结构破坏掉，所以利用有限元计算出的原始群仓模型的振型对第五章群仓模型环境激励测试方案设计仍然具有重要的指导作用，因此在本节中重点分析群仓模型的各阶振型。

图 4-9 和图 4-10 分别给出了两种工况下群仓模型的一阶和二阶振型，

从振型图可以看出，群仓模型在两种工况下的一阶振型为沿短轴方向的弯曲，二阶振型为沿长轴方向的弯曲。但是在中间仓内装有沙子的工况下，群仓模型的一阶和二阶弯曲振型中都包含装有沙子的单仓的翘曲，单仓的翘曲振型在立面上有一个波动，在振型平面上都有三个波动。说明组成群仓的某一个单仓内单独装有贮料，而其他单仓为空仓状态时，群仓的前两阶模态整体形状不改变，但是伴随装有贮料的单仓的局部模态。

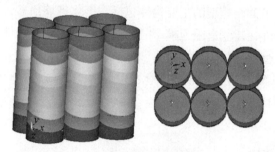

（a）空仓工况下

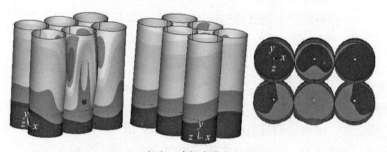

（b）一中间仓满仓工况下

图 4-9　筒壁支承群仓模型的一阶振型

图 4-11 为筒壁支承群仓模型的三阶振型，可以看出其三阶振型为群仓整体的扭转，由于中间仓内装满沙子，因此组成群仓的各单仓的扭转振型并不完全一样，长轴方向紧邻满仓的两个仓的振型基本一致，另一排三个单仓的振型基本一致，满仓的振型与其他各单仓均不相同。再一次说明组成群仓的某一个单仓内单独装有贮料，而其他单仓为空仓状态时，群仓的整体模态振型趋势没有发生变化，但是单仓局部振型有所变化。通过对空仓工况下的群仓模型的有限元模态分析，发现组成群仓的各单仓内均为空仓状态时，并没有扭转振型的出现。产生这种现象的主要原因可能是由于模型相对较小，而支承方式刚度较大的结果。

（a）空仓工况下

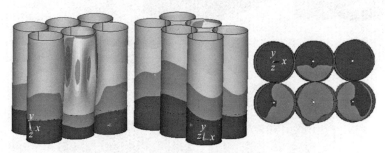

（b）一中间仓满仓工况下

图4-10　筒壁支承群仓模型的二阶振型

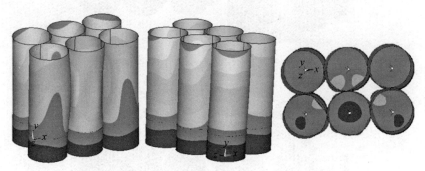

图4-11　筒壁支承群仓模型的三阶振型

图4-12为筒壁支承群仓模型的四阶振型，从振型图可以看出，群仓模型的四阶振型表现为各个单仓的翘曲，而且翘曲最明显的单仓为中间满仓，其次为紧邻满仓的三个单仓，与满仓不相邻的两个单仓的翘曲较微弱。

图4-13、图4-14分别为筒壁支承群仓模型的五阶、六阶振型图，从群仓的这两阶振型图可以看出，此时，满仓的作用不再像前四阶振型中那样明显。五阶振型中，与满仓相邻的两个角仓的翘曲模态较另两个角仓的翘曲模态微弱；六阶振型中四个角仓的翘曲模态大致相同。

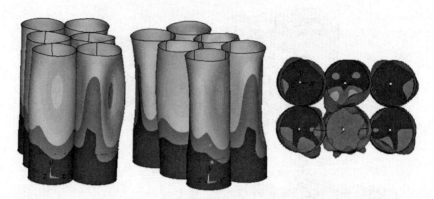

图 4 - 12　筒壁支承群仓模型的四阶振型

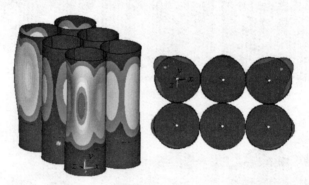

图 4 - 13　筒壁支承群仓模型的五阶振型

图 4 - 14　筒壁支承群仓模型的六阶振型

　　在上述对群仓模型的六阶振型的分析中，只对群仓模型的前三阶模态在空仓和中间仓满仓工况下进行了分析比较，后面三阶模态中没有再分析空仓工况下的群仓模型的振型，主要是由于满仓的存在使得群仓模型的许多阶振型中都主要表现为满仓的局部模态。因此对于群仓模型整体而言不具备对比的基础。

4.3.4.6 结论

通过对筒壁支承群仓模型在空仓工况下和中间仓满仓工况下的有限元模态分析，得出如下结论：

（1）组成群仓的单仓中如果只有一个仓内装满贮料，群仓的前两阶整体模态在形状上没有显著变化，但是伴随有满仓的局部模态；

（2）空仓工况下的群仓并没有扭转模态的出现，主要原因可能是由于模型相对较小，而支承方式刚度较大的结果；

（3）组成群仓的单仓中如果只有一个仓内装满贮料，则群仓的高阶模态中满仓的局部模态出现的早，应该作为重点考虑的对象，可以推断，如果是某几个单仓内装满贮料而其余几个单仓为空仓状态，装满贮料的单仓的翘曲模态亦较空仓状态的单仓的翘曲模态出现的早，而且应该作为主要考虑的对象。

4.3.5 煤仓

4.3.5.1 煤仓简介

本书选择了两个现场工作状态下的立筒仓进行环境激励下的动力响应测试，并通过测试得到的加速度响应识别立筒仓的动力参数。图 4-15 所示的煤仓即为其中一个立筒仓，该煤仓所在地址为河南省新密市超化县。所测试的煤仓与另外的仓之间只在仓顶部用连廊相联系，近似认为是单仓。煤仓分为三层，一层为运输煤炭的火车道，高度为 5.85m；二层高度为 6.6m，内部有四个大漏斗，用于将三层装载的煤炭卸下到一层经过的火车上；三层内装有粉状煤炭，可容纳 6 000t，实验测试时仓里面有约 2 000t 煤炭，三层的高度为 21.7m。煤仓一层和二层中间设有平台板。平台板、二层楼板、三层楼板底部都有梁支承，梁支承在柱子上。煤仓外半径为 7.5m，仓壁厚度为 250mm，中间平台板、二层楼板、三层楼板的厚度均为 100mm，两侧平台板板厚为 80mm。

4.3.5.2 主要计算参数

煤仓所用的混凝土材料的强度等级为 C20，对煤仓进行有限元模态计算时，其物理参数的取值如下：

（1）弹性模量：$E = 2.55 \times 10^4 \text{MPa}$；

图 4-15　煤仓

（2）泊松比：$\mu = 0.2$；

（3）密度：$\rho = 2\,500\text{kg/m}^3$。

贮料为粉状煤炭，其物理参数的取值如下：

（1）质量：$M = 2\,000\text{t}$；

（2）密度：$\rho_b = 1\,150\text{kg/m}^3$。

4.3.5.3　单元类型

组成煤仓的构件包括：仓顶盖（厚度取 1m 用于模拟仓上建筑物）、仓壁、漏斗、楼板、平台板、梁、柱子。在建立有限元模型时没有考虑漏斗，其他构件及煤仓内的贮料煤炭的单元类型定义如下：

（1）SHELL63 单元：仓顶盖、仓壁、楼板、平台板；

（2）BEAM188 单元：梁、柱子；

（3）MASS21 单元：煤炭。

4.3.5.4. 煤仓频率和振型的计算

利用有限元软件 ANSYS 对煤仓进行了模态分析，计算出的频率列于表 4-1 中，并同时将空仓状态下的煤仓进行了模态分析，分析结果亦列于表 4-1 中，用于比较煤仓在空仓和半满仓两种工况下的自振特性。

表 4-1 中列出了两种工况下煤仓的五阶频率。通过比较空仓的自振频率和半满仓的自振频率发现，仓内装有贮料时，自振频率明显降低了，这主要是由于仓内的贮料对仓体的贡献以质量贡献为主，由于贮料为散粒体，对仓体刚度的影响可以忽略不计[97-101]，这也正是在第 3 个内容中用 MASS21 单元模拟贮料，将贮料的质量离散在仓壁和三层楼板的各个节点上的原因。

表 4-1 煤仓的有限元计算频率

模态阶数	空仓频率（Hz）	半满仓频率（Hz）
1	3.83	2.55
2	14.05	7.97
3	16.58	9.47
4	29.29	17.37
5	33.90	23.65

图 4-16 给出了煤仓在空仓工况下的对应表 4-1 中五阶频率的振型图，图 4-17 给出了煤仓在半满仓（内装有贮料约 2 000t）工况下的对应表 4-1 中五阶频率的振型图。对比图 4-16 和图 4-17 煤仓两种工况下的同一阶振型图，可以得出如下结论：

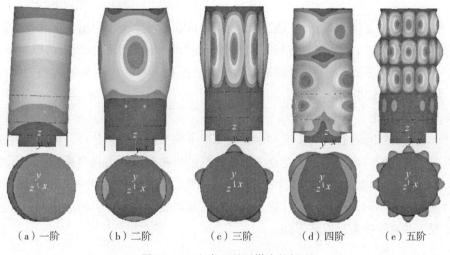

（a）一阶　　　（b）二阶　　　（c）三阶　　　（d）四阶　　　（e）五阶

图 4-16 空仓工况下煤仓的振型

（1）两种工况下煤仓的一阶振型相同，均为沿煤仓某一方向的弯曲；

（2）两种工况下煤仓的二阶振型相同，均为煤仓仓壁的翘曲，翘曲产生的波形在立面上有一个波，在平面上近似为"椭圆"；

（3）两种工况下煤仓的三阶振型相同，均为煤仓仓壁的翘曲，翘曲产生的波形在立面上有一个波，在平面上有 5 个外凸的波形和 5 个内凹的波形；

（4）两种工况下煤仓的四阶振型变化趋势基本一致，但是从振型图上可以看出，在煤仓二层两种工况下仓壁的翘曲不同；

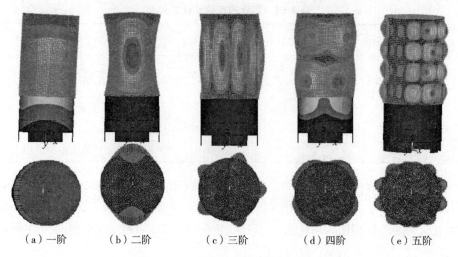

|(a)一阶|(b)二阶|(c)三阶|(d)四阶|(e)五阶|

图 4-17 半满仓工况下煤仓的振型

(5) 两种工况下煤仓的五阶振型不同，从立面图上可以看出，空仓仓壁的振型有 3 个波动，半满仓仓壁的振型有 4 个波动，从振型平面图上可以看出，空仓平面有非常均匀的 12 个波动，而半满仓平面上有 8 个明显的波动，另外 4 个波动幅值较小。

4.3.5.5 结论

通过对煤仓进行空仓工况和半满仓工况下的有限元模态分析，得出半满仓工况下煤仓的自振频率小于空仓工况下煤仓的自振频率，而且自振频率降低的多少与煤仓内装有煤炭的多少有关[13]；两种工况下煤仓的前三阶振型相同，后两阶振型不同，而且通过计算更多的模态可以发现，由于贮料的存在，两种工况下的高阶振型也有所不同。

4.3.6 立筒群仓

4.3.6.1 立筒群仓简介

东郊粮库群仓是本书进行现场实际工作状态下的实仓环境激励测试的另一个对象，图 4-18 为河南省郑州市东郊粮库立筒群仓的外观照片；群仓有 15 个仓排成 3 行 5 列整体浇筑在一起，群仓右侧为一工作塔，工作塔与群仓上部建筑物之间有连廊相连，工作塔内装有电梯，通过电梯可以到达群仓顶部的仓上建筑。群仓为筒壁支承，从地面到群仓顶盖的高度为 30.5m，环梁到群仓顶盖的高度为 25m，仓上建筑高 4m，群仓顶盖的厚度为 100mm，仓壁厚度为

180mm，群仓内半径为 3.82m。组成群仓的各个单仓内都装满小麦，单仓与单仓组合成的星仓内没有装粮。

图 4－18　东郊粮库立筒群仓

4.3.6.2　主要计算参数

东郊粮库群仓所用的混凝土材料的强度等级为 C25，对东郊粮库群仓进行有限元模态计算时，其物理参数的取值如下：

(1) 弹性模量：$E = 2.8 \times 10^4 \mathrm{MPa}$；

(2) 泊松比：$\mu = 0.2$；

(3) 密度：$\rho = 2\,500 \mathrm{kg/m^3}$。

贮料为小麦，其物理参数的取值如下：

(1) 组成群仓的每个单仓内小麦的质量：$M = 942\mathrm{t}$；

(2) 小麦密度：$\rho_b = 750 \mathrm{kg/m^3}$。

4.3.6.3　单元类型

对东郊粮库群仓进行有限元模态分析时，考虑的构件包括：仓顶盖、仓壁、漏斗、组成群仓的单仓与单仓之间的柱子。各类构件及群仓内的贮料小麦的单元类型定义如下：

(1) SOLID45 单元：仓顶盖、仓壁、漏斗、柱子；

(2) MASS21 单元：小麦。

4.3.6.4　频率和振型的计算

利用有限元软件 ANSYS 对东郊粮库群仓进行了模态分析，计算出的频率列于表 4－2 中，并同时对空仓状态下的群仓进行了模态分析，分析结果亦列于表 4－2 中，用于比较群仓在空仓和满仓两种工况下的自振特性。

表 4-2 东郊粮库群仓的有限元计算频率

模态阶数	空仓频率（Hz）	满仓频率（Hz）
1	7.52	3.95
2	9.09	4.76
3	10.12	5.31
4	12.91	8.16
5	14.44	10.02
6	19.88	11.93
7	25.53	16.38

表 4-2 中列出了两种工况下东郊粮库群仓的七阶频率。比较空仓的前三阶自振频率和满仓的前三阶自振频率发现，组成群仓的各单仓内装满小麦时的自振频率比空仓状态下的自振频率降低了约一半，满仓工况下群仓的后四阶自振频率降低的幅度比前三阶自振频率降低的幅度要小，但是仍然比空仓工况下的自振频率小很多。环境激励试验时星仓内没有装粮，可以推断，如果星仓内亦装满小麦时，群仓的自振频率将更低。通过第六章对环境激励下的东郊粮库群仓进行的模态参数辨识结果，将进一步证实仓内装有贮料时，群仓自振频率将有明显降低的事实。这也进一步证明了仓内的贮料对仓体的贡献以质量贡献为主，仓内的散粒体对仓体刚度的贡献很小可以忽略不计[97-101]，这也正是在第 3 个内容中用 MASS21 单元模拟小麦，将小麦的质量离散在仓壁内表面的各个节点上的原因。

图 4-19 至图 4-25 分别给出了东郊粮库群仓的七阶振型图。图 4-19 的两幅图分别为群仓在空仓和满仓工况下的一阶振型图，比较两种工况下群仓的振型图可以看出，一阶振型均为群仓整体沿短轴方向的弯曲。图 4-20 的两幅图分别为群仓在空仓和满仓工况下的二阶振型图，从振型图可以看出，二阶振型均为群仓整体沿长轴方向的弯曲。图 4-21 的两幅图分别为群仓在空仓和满仓工况下的三阶振型图，从振型图可以看出，三阶振型均为群仓绕整体形心的扭转。从群仓的前三阶振型来看，虽然两种工况下群仓的前三阶自振频率相差近一倍，但是振型变化是一致的。说明对于群仓的前三阶模态来说，仓内贮料的质量对群仓整体的模态贡献很大，而贮料对群仓整体的刚度贡献基本可以忽略不计，因此，群仓的自振频率显著降低。但是贮料的作用并没有引起群仓前三阶振型的显著变化。这些现象的真实性在第六章东郊粮库群仓的模态参数辨识中将得到进一步的证实。

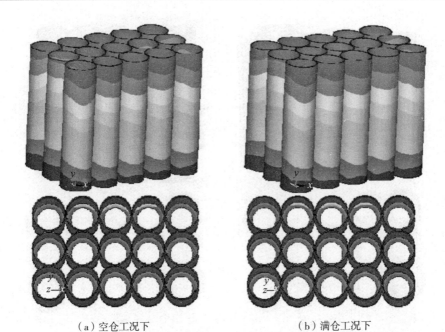

（a）空仓工况下　　　　　　　　　　　（b）满仓工况下

图 4 - 19　东郊粮库群仓一阶振型

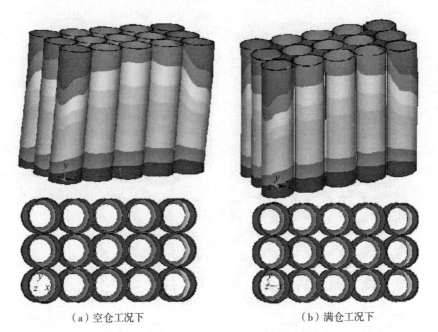

（a）空仓工况下　　　　　　　　　　　（b）满仓工况下

图 4 - 20　东郊粮库群仓二阶振型

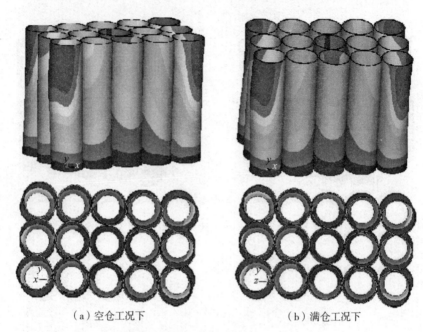

（a）空仓工况下　　　　　　　　（b）满仓工况下

图 4-21　东郊粮库群仓三阶振型

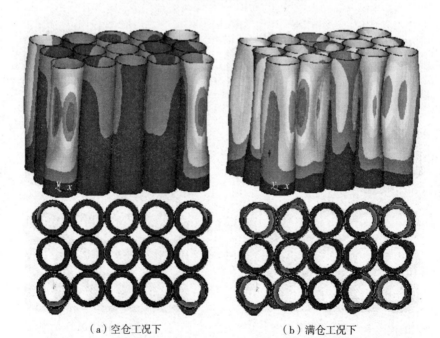

（a）空仓工况下　　　　　　　　（b）满仓工况下

图 4-22　东郊粮库群仓四阶振型

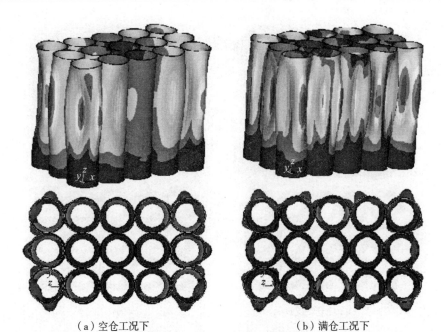

（a）空仓工况下　　　　　　　　　　（b）满仓工况下

图 4-23　东郊粮库群仓五阶振型

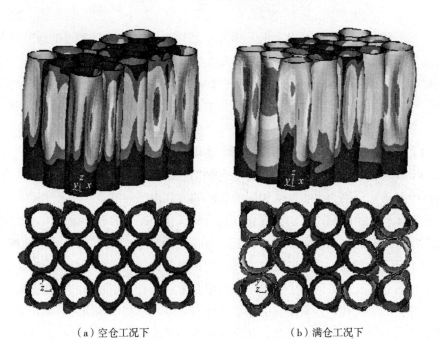

（a）空仓工况下　　　　　　　　　　（b）满仓工况下

图 4-24　东郊粮库群仓六阶振型

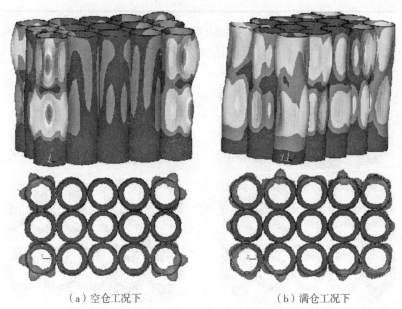

（a）空仓工况下　　　　　　　　　　　（b）满仓工况下

图 4-25　东郊粮库群仓七阶振型

图 4-22 的两幅图分别为群仓在空仓和满仓工况下的四阶振型图，比较两种工况下群仓的振型图可以看出，四阶振型均表现为组成群仓的单仓的翘曲。空仓工况下的群仓中单仓的翘曲主要发生在角部位置的四个单仓上，可以很清晰地看出振型立面有一个波动，振型平面有两个大小基本相同的波动，分别为外凸的波和内凹的波；满仓工况下群仓中单仓的翘曲除了四个角仓以外，短轴方向边上中间仓和长轴方向边上靠近角仓的单仓上也有明显的翘曲，角仓振型立面上有一个波动，振型平面上有三个波动，两个外凸的波动较明显，而内凹的一个波动不明显，其余有翘曲的单仓振型立面上均有一个波动，振型平面上有两个波动，分别为大小基本相同的外凸的波和内凹的波。

图 4-23 的两幅图分别为群仓在空仓和满仓工况下的五阶振型图，比较两种工况下群仓的振型图可以看出，五阶振型均表现为组成群仓的单仓的翘曲。空仓工况下的群仓中单仓的翘曲主要发生在角部位置的四个单仓上、短轴方向边上中间仓和长轴方向边上靠近角仓的单仓上，所有发生翘曲的仓在振型立面上都只有一个波动，四个角仓的振型平面有三个大小基本相同的波动，分别为两个外凸的波和一个内凹的波，其余仓在振型平面上均有一个外凸的波动；满仓工况下群仓中边上所有的单仓均发生了翘曲，所有发生翘曲的仓在振型立面

上都只有一个波动，四个角仓在振型平面上有五个波动，分别为三个外凸的波和两个内凹的波，短轴方向边上中间仓的振型平面有一个内凹的波动，长轴方向边上中间仓有一个较明显的内凹的波动和两侧较不明显的外凸的波动，靠近角仓位置的四个边仓的振型平面均有两个波动，分别为内凹的波和外凸的波。

图 4-24 的两幅图分别为群仓在空仓和满仓工况下的六阶振型图，群仓在空仓工况和满仓工况下所有边仓和角仓都发生了翘曲，空仓工况下四个角仓在振型立面上有一个波动，在振型平面上有五个波动，满仓工况下四个角仓在振型立面上有一个波动，在振型平面上有六个波动，而且波动的幅度较空仓工况下明显；空仓工况下短轴方向和长轴方向的中间仓在振型立面上均有一个波动，在振型平面上均有一个明显的外凸的波动和两侧两个较微弱的波动，满仓工况下短轴方向的中间仓在振型立面上有一个波动，在振型平面上有两个微弱的波动，长轴方向的中间仓在振型立面上有一个波动，在振型平面上有五个波动；空仓工况下靠近角仓的四个边仓在振型立面上有一个波动，在振型平面上有两个波动，满仓工况下靠近角仓的四个边仓在振型立面上有一个波动，在振型平面上有四个微弱的波动。

从图 4-25 东郊粮库群仓的振型图可以看出，空仓工况下群仓的七阶振型表现为四个角仓的翘曲。四个角仓在振型立面上有两个波动，在振型平面上有三个波动；满仓工况下群仓的七阶振型表现为所有角仓和边仓的翘曲，所有发生翘曲的仓在振型立面上有两个波动，在振型平面上，四个角仓有四个波动，靠近角仓的六个边仓有三个波动，另外两个边仓有两个波动。

4.3.6.5　结论

通过对东郊粮库群仓进行空仓工况和满仓工况下的有限元模态分析，得出满仓工况下东郊粮库群仓的自振频率小于空仓工况下东郊粮库群仓的自振频率，而且自振频率降低的多少与东郊粮库群仓内装有粮食的多少有关[13]；两种工况下东郊粮库群仓的前三阶振型相同，后四阶振型不同，而且通过计算更多的模态可以发现，由于贮料的存在，两种工况下的高阶振型也有所不同。而群仓的前三阶模态为群仓整体的反映，四阶及以上高阶模态主要以组成群仓的单仓翘曲模态为主，说明仓内装有贮料对群仓整体的振型影响不大，可以忽略不计，但是对群仓高阶振型有一定的影响。

4.4　本章小结

通过对柱支承立筒单仓模型、筒壁支承立筒单仓模型、柱支承立筒群仓模型、筒壁支承立筒群仓模型及实际工作状态下的河南省新密市超化煤仓单仓、河南省郑州市东郊粮库筒壁支承群仓进行有限元模态分析，得出如下结论：

（1）空仓工况下，筒壁支承立筒单仓和群仓模型均没有扭转振型的出现，而柱支承立筒单仓和群仓模型都有扭转振型的出现，而且在各阶振型中都伴随有柱子的弯曲或扭转。因此对筒壁支承方式的立筒仓的动力响应测试，重要研究的部位集中在立筒仓顶部；而对柱支承方式的立筒仓的动力响应测试，重要研究的部位集中在柱子及环梁部位。

（2）空仓工况下筒壁支承立筒群仓模型没有扭转振型的出现，但是在组成群仓的中间仓内装满贮料，而其他单仓内为空仓状态时，群仓模型出现了扭转振型，说明当由于组成群仓的一个或几个单仓内装有贮料，对群仓整体形成荷载非对称时，群仓的振型将有所变化。

（3）当组成群仓的一个或几个单仓内装有贮料，使得群仓整体形成荷载非对称时，群仓的高阶振型将首先表现为装有贮料的单仓仓壁的翘曲，因此在进行结构的动力响应测试时，装有贮料的单仓作为重点考虑的对象。

（4）单仓在空仓工况和满仓或半满仓工况下的低阶振型（一般是前三阶振型）相同，高阶振型有所不同。

（5）组成群仓的各单仓内均装满贮料，对群仓的前三阶整体模态振型的影响很小，但是对群仓的高阶模态振型影响较明显。

（6）不论是单仓还是群仓，仓内装有贮料时的自振频率低于空仓工况下结构的自振频率。

第五章 立筒仓环境激励测试

5.1 引言

环境激励测试方法已广泛应用于大型建筑结构、桥梁结构等，在这些结构中的测试手段和方法已日趋成熟。相比而言，立筒仓结构刚度较大，而且由于其自身的结构特点，不同于普通的建筑结构。从外形上看，单仓多为高径比较大的独立薄壁筒结构，群仓是由多个单仓整体浇筑而成的，其组合形式有很多，如 $2 \times 3, 3 \times 5, \cdots$；从支承形式上看，立筒仓有柱支承、筒壁支承、外筒内柱支承等方式；此外，立筒仓内还有粮食、煤炭等物料的作用。要测试获得立筒仓在环境激励下的加速度响应数据，传感器的安装位置和测试方向是关键。因此本章选取了第四章进行有限元模态分析的四个模型仓和两个实仓进行环境激励测试方案研究。

5.2 环境激励法测试立筒仓的试验简况

利用周围环境（如：风、车辆、行人等）引起的地脉动对结构的激励测试得到的动力响应将是非常微弱的，如何捕捉到如此微弱的信号，将需要高精密的采集设备和低频运动传感器。为此，研究中购置了环境激励测试必需的设备仪器测试立筒仓的动力响应。

5.2.1 试验仪器

根据环境激励法的测试特点，要捕捉到结构微小的动力响应，则需要的运动传感器应满足具有较低下限频率、较高灵敏度，传感器的大小要根据所测试结构而定。同时要有与运动传感器配套的动态信号采集分析系统等仪器设备。此外，由于试验都是在户外进行的，因此还需备好连接采集设备的笔记本电脑。试验中主要用到的仪器设备如下：

（1）DH5922 型动态信号采集仪（图 5-1）。该采集仪是由江苏东华测试技术有限公司研发的，它包括振动和冲击测试分析系统及多通道高速并行数据采集分析系统。DH5922 系统的采样频率范围为 10Hz～128KHz，测量通道最多可达 128 个；DH5922 系统软件内包括对仪器的采样频率、传感器的灵敏度、采集数据的上下限频率等参数的设置。在采集过程中可以实时观测各通道的时程曲线，可以实时进行数据预处理、幅值分析、频谱分析、频响分析、相关分析等。DH5922 系统还有配套的 DHMA 模态分析软件，内有两种频域计算方法（峰值拾取法、传递率法）和两种时域计算方法（基于输出数据之间的互相关函数的随机子空间方法、特征系统实现算法），可在模态分析软件系统内对试验测试的立筒仓建立好模型后将采集到的所有测点的数据导入进行模态分析处理。

图 5-1　DH5922 型动态信号采集仪

（2）DH610 型传感器。该传感器包括速度档和加速度档，可以根据需要调制合适的档位进行结构的速度或加速度的测试。表 5-1、表 5-2 分别给出了 DH610 型传感器的基本参数和适用参数。传感器是测试系统的一次仪表，它的可靠性、精确度等参数指标直接影响到测试系统的质量。需要从以下几方面因素出发选用传感器。①灵敏度：传感器的灵敏度单位为 V/ms^{-1}，等于输出信号与输入信号的比值。一般情况下，传感器灵敏度越高越好，同时要求传感器的信噪比越大越好，但过高的灵敏度会缩小其适用的测量范围。②响应特性（频带）：在所测频率范围内，传感器的响应特性必须满足不失真的测量条件，即输入信号频率的变化不会引起传感器灵敏度发生超出合格百分率的变化。在选用时，应充分考虑到被测物理量的变化特点，传感器具有稳定的线性关系。③动态线性范围：传感器工作在线性区域内，输入输出维持线性关系，是保证测量精度的基本条件。选用时必须考虑输入信号幅度容许变化范围，令其线性误差在允许范围以内。④其他因素：可靠性是传感器和一切测量装置的生命。只有产品的性能参数（特别是主要的性能参数）均处在规定的误差范围内，方能视为可完成规定的功能。⑤精确度：表示传感器的输出与被测量的真值一致的程度。传感器在实际条件下的工作方式也是传感器选择必须考虑的因素。还应该尽可能地兼顾结构简单、体积小、重量轻、价格便宜、易于维修、易于更换等因素。

表 5－1　DH610 型速度传感器基本参数

传感器图示	型号	灵敏度	最大量程	频响（Hz）	外形尺寸（mm）	重量（g）
	DH610	～0.3V/ms⁻¹	0.6ms⁻¹	0.1～100	60×60×60	550
		～5V/ms⁻¹	0.3ms⁻¹	0.3～100		
		～15V/ms⁻¹	0.125ms⁻¹	1～100		
		～0.3V/ms⁻²	20ms⁻²	0.25～80		

表 5－2　DH610 型速度传感器适用参数

档位		0 加速度	1 小速度	2 中速度	3 大速度
大量程	位移（mm p）	—	20	200	500
	速度（mm/s p）	—	0.125	0.3	0.6
	加速度（mm/s² p）	20	—	—	—
分辨率	速度（mm/s）	$3×10^{-6}$	$3×10^{-8}$	$3×10^{-7}$	$3×10^{-6}$
温度（℃）			$-10～50$		
湿度			$≤85\%$		

5.2.2　立筒仓的选择

充分利用现有条件，选择了以下几类具有代表性的立筒仓进行环境激励测试：

（1）国家自然科学基金（50678061）项目中，在同济大学土木工程防灾国家重点实验室根据相似理论制作了上海外高桥柱支承的 1/16 立筒单仓和群仓（2×3）的微粒混凝土模型并进行了模拟地震振动台试验。选择这一柱支承单仓和群仓模型进行环境激励测试。图 5－2 给出了柱支承单仓和群仓的照片，这是 2007 年经过振动台试验后的模型。

（2）国家自然科学基金（50678061）项目中，在同济大学土木工程防灾国家重点实验室根据相似理论制作了舟山省级直属中转储备粮库筒壁支承的 1/16 立筒单仓和群仓（2×3）的微粒混凝土模型并进行了模拟地震振动台试验。选择这一筒壁支承单仓和群仓模型进行环境激励测试。图5-3给出了筒壁支承单仓和群仓的照片，这是2009年经过振动台试验后的模型。图中有两个单仓，选择前面的单仓进行环境激励试验。

图5-2 柱支承单仓和群仓模型　　图5-3 筒壁支承单仓和群仓模型

（3）目前，粮食立筒仓基本做成群仓的形式，很难找到粮食立筒单仓。这里选择河南省新密市超化一煤仓单仓进行环境激励测试。由于煤仓的直径很大，下部结构复杂与粮食立筒仓有很大不同，对煤仓进行测试分析也具有重要的工程意义。图5-4给出了超化煤仓的现场照片，图中左边两个仓中间连接处为楼梯，最右边一个仓与中间仓在二层地板高度处与中间仓有一过人的小连廊，三个仓在仓顶通过仓上建筑相连。最右边的仓可以近似看作一单仓处理，试验中选用的就是这个仓。

（4）选择河南省郑州市东郊粮库3×5筒壁支承群仓进行环境激励测试。图5-5展示了东郊粮库筒壁支承群仓的整体外观。

图5-4 超化煤仓　　　　　　图5-5 东郊粮库群仓

5.3 立筒仓的测点布置方案

5.3.1 柱支承单仓模型的测试方案设计

根据第四章4.3.1～4.3.6对柱支承单仓模型、2×3柱支承群仓模型、筒壁支承单仓模型、2×3筒壁支承群仓模型、煤仓、3×5东郊粮库筒壁支承群仓的有限元模态分析，可以分别得到它们的频率、振型。这两个参数对实际测试都具有重要指导作用。所需要的最高阶频率的大小决定了采样频率的大小，各阶振型的变化决定了测点的布置位置。在5.3.1～5.3.6将给出上述六类立筒仓的测试方案，主要是测点的布置方案，根据立筒仓有限元分析得到的各阶振型及现场的实际条件确定测点位置。考虑到有些点可能同时测试两个方向的动力响应，采用角钢作为传感器的支座固定在仓壁上。

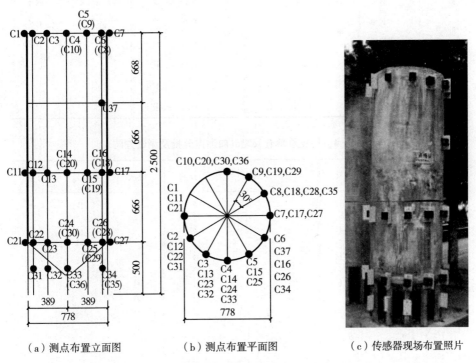

（a）测点布置立面图　　（b）测点布置平面图　　（c）传感器现场布置照片

图5-6　柱支承单仓模型测点布置图及传感器布置照片

根据第四章4.3.1节对柱支承单仓模型的有限元模态分析（图4-2），得到它的前四阶振型分别为：一阶为朝某一方向的弯曲；二阶、四阶均为筒壁的翘曲，二阶振型的平面形状近似为一椭圆，四阶振型的平面有三个外凸波形和三个内凹波形；三阶为扭转振型。五阶及以上振型主要表现为更复杂的筒壁翘曲及耦合模态，考虑到模型的实际情况及现有的测试条件，通过布置传感器获取单仓的前四阶模态。

表 5-3　柱支承单仓模型 R 向测点分批及测试方向

批次	测点号	方向	批次	测点号	方向	批次	测点号	方向	批次	测点号	方向
R 向 第 一 批	C37	R+	R 向 第 二 批	C37	R+	R 向 第 三 批	C37	R+	R 向 第 四 批	C37	R+
	C2	R+		C11	R+		C21	R+		C31	R+
	C3	R+		C12	R+		C22	R+		C32	R+
	C4	R+		C13	R+		C23	R+		C33	R+
	C5	R+		C14	R+		C24	R+		C34	R+
	C6	R+		C15	R+		C25	R+		C35	R+
	C7	R+		C16	R+		C26	R+		C36	R+
	C8	R+		C17	R+		C27	R+		C1	R+
	C9	R+		C18	R+		C28	R+			
	C10	R+		C19	R+		C29	R+			
				C20	R+		C30	R+			

表 5-4　柱支承单仓模型 θ 向测点分批及测试方向

批次	测点号	方向	批次	测点号	方向	批次	测点号	方向
θ 向 第 一 批	C37	$\theta+$	θ 向 第 二 批	C37	$\theta+$	θ 向 第 三 批	C28	$\theta+$
	C1	$\theta+$		C21	$\theta+$		C29	$\theta+$
	C31	$\theta+$		C22	$\theta+$		C30	$\theta+$
	C32	$\theta+$		C23	$\theta+$			
	C33	$\theta+$		C24	$\theta+$			
	C34	$\theta+$		C25	$\theta+$			
	C35	$\theta+$		C26	$\theta+$			
	C36	$\theta+$		C27	$\theta+$			

图 5-6（a）、(b) 分别给出了单仓测点布置方案的立面图和平面图，方

案设计原则为：

（1）由于单仓顶部没有顶盖，因此在环境激励下，单仓顶部的反应最为明显，在顶部需要布置测点，实际测试时布置 C1～C10 共 10 个测点，各测点之间的夹角为 30°，从图 5-6（b）可以看出各测点的详细位置，其中测点 C1 和 C10 之间 60°范围内没有布置测点，原因是单仓的这一部分与群仓之间的空隙较小，没有足够的工作空间。

（2）单仓为柱支承，支承结构柔度较大，从有限元模态分析结果 [图 4-2（c）]可以看出，三阶模态主要表现为柱子的扭转模态，筒壁基本没变化，因此柱子上布置一定数量的测点对获取扭转模态至关重要，实际测试时，在其中 6 根柱子的中部布置有传感器，测点号分别为 C31～C36，其他 6 根柱子没有布置测点，原因是在进行环境激励测试立筒仓的试验探索过程中，柱支承单仓被反复测试过，有些位置已经损坏，无法再将传感器牢固固定于这些位置。

（3）柱顶与筒壁底端由环梁连接，环梁处为单仓刚度的突变位置，在环梁一圈布置 C21～C30 共 10 个测点，各测点之间的夹角为 30°。

（4）在距柱子底端 1.166m 处布置 C11～C20 共 10 个测点，各测点之间的夹角为 30°。

上述共 36 个测点，每个测点处传感器的测试方向为单仓的径向（R 向），且以单仓中心指向外为 R＋，指向内为 R－，传感器的测试方向均为 R＋。分四批进行测试，需要至少一个参考点用于四批数据的振型归一。图 5-6（a）中距柱子底端 1.832m 高度处的测点 C37 为试验中用到的参考点。

只测试单仓的 R 向无法得到其扭转模态，因此还需要测试单仓的环向（θ 向）。根据有限元模态分析结果，扭转模态的振型幅值较明显的部位在柱子上，因此，环梁上的 10 个测点和柱子中部的 6 个测点分两批进行单仓的环向测试，定义逆时针旋转为 θ＋，顺时针旋转为 θ－。参考点位置仍然选在 C37 处，C37 的传感器方向为环向。

图 5-6（c）给出了部分传感器固定于单仓上的实际位置。表 5-3、表 5-4 分别列出了柱支承单仓模型 R 向、θ 向所有测点的分批及各测点的测试方向。

5.3.2 筒壁支承单仓模型的测试方案设计

根据第四章 4.3.2 节对筒壁支承单仓模型的有限元模态分析结果（图 4-4）。单仓的一阶模态为沿某一方向的弯曲；二阶、三阶、四阶模态均为筒壁的翘曲，二阶振型的平面形状近似为"椭圆"，三阶振型平面有三个外凸的波形和三个内凹的波形，四阶振型平面有四个外凸的波形和四个内凹的波形。筒壁支承单仓与柱支承单仓由于支承方式的不同，模态振型亦不同，前者刚度更大，而且前几阶模态中没有扭转模态的存在。

根据有限元模态分析结果（图 4-4），并考虑到环梁下部筒壁的反应较弱，只在环梁至仓顶之间布置测点。筒壁支承单仓模型的测点布置方案如图 5-7（a）、（b）所示，图 5-7（c）给出了某批测试时的现场照片。单仓顶部到环梁位置共布置 6 环 12 列测点，每环测点之间的距离为 330mm，每列测点之间的夹角为 30°。所有测点传感器的测试方向均为单仓的径向（R 向），且以单仓中心指向外为 R+，指向内为 R-。实际测试时测点 C11、C12、C47、C48、C59、C60 的传感器均指向 R-，其余测点的传感器均指向 R+。由于筒壁支承单仓与群仓、外筒内柱支承的单仓相邻，造成工作空间不足，测点 C69～C72 处传感器无法布置上。

所有 68 个测点分三批进行测试，设置有两个参考点 C2、C4。表 5-5 列出了筒壁支承单仓模型上所有测点的分批及测试方向。

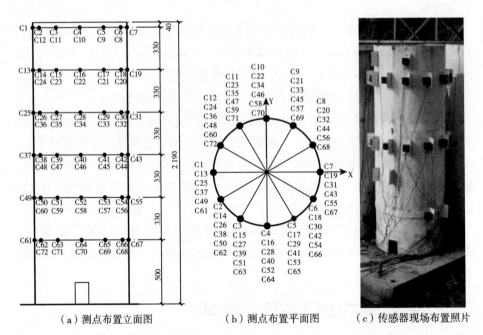

（a）测点布置立面图　　（b）测点布置平面图　　（c）传感器现场布置照片

图 5-7　筒壁支承单仓模型的测点布置图及传感器布置照片

表5-5 筒壁支承单仓模型测点分批及测试方向

批次	测点号	方向	批次	测点号	方向	批次	测点号	方向
	C2	R+		C2	R+		C2	R+
	C4	R+		C4	R+		C4	R+
	C1	R+		C13	R+		C49	R+
	C3	R+		C14	R+		C50	R+
	C5	R+		C15	R+		C51	R+
	C6	R+		C16	R+		C52	R+
	C7	R+		C17	R+		C53	R+
	C8	R+		C18	R+		C54	R+
	C9	R+		C19	R+		C55	R+
	C10	R+		C20	R+		C56	R+
	C11	R−		C21	R+		C57	R+
	C12	R−		C22	R+		C58	R+
	C25	R+		C23	R+		C65	R+
第一批	C26	R+	第二批	C24	R+	第三批	C66	R+
	C27	R+		C37	R+		C67	R+
	C28	R+		C38	R+		C68	R+
	C29	R+		C39	R+		—	—
	C30	R+		C40	R+		—	—
	C31	R+		C41	R+		—	—
	C32	R+		C42	R+		—	—
	C33	R+		C43	R+		—	—
	C34	R+		C44	R+		—	—
	C35	R+		C45	R+		—	—
	C36	R+		C46	R+		—	—
	C61	R+		C47	R−		—	—
	C62	R+		C48	R−		—	—
	C63	R+		C59	R−		—	—
	C64	R+		C60	R−		—	—

5.3.3 柱支承群仓模型的测试方案设计

根据第四章4.3.3节对柱支承群仓模型的有限元模态分析,得到它的前三阶振型分别为:一阶 Y 向弯曲（Y 的指向参见图5-8）、二阶 X 向弯曲（X 的指向参见图5-8）、三阶群仓整体扭转,四阶及以上振型主要表现为角仓或中间仓的筒壁翘曲。群仓的前三阶模态反映的都是整体的振型，这与单仓有很大区别，因此获得前三阶模态不仅可以将结构的整体模态提取到，而且可以分析群仓与单仓之间的不同之处。从第四阶模态开始群仓表现为局部模态的变化，而获得局部模态，一方面可以发现并分析组成群仓的各个单仓的不同，另一方面从健康检测的角度考虑，局部模态的变化对损伤指标的反应更为灵敏。

若要群仓的各阶模态被完整地激励出来，需要在整个群仓上布满测点，这需要大量的传感器及工作时间。根据群仓的对称性，并考虑到在环境激励作用下，群仓最上部的反应最大，需要布置测点，柱子与环梁交接处（0.5m 高度处）是结构刚度突变的地方，反应较大，需要布置测点，筒身中间布置一定数量的测点用以观测其振型在弯曲状态下沿仓身的变化情况。基于上述分析，按照图5-8所描述的位置布置 C1～C20 共 20 个测点分 4 层布置即可获得它在两个方向的弯曲，并能得到弯曲状态下筒身的变化情况。从最上一层测点到最下一层测点，各层测点所处的高度分别为：2.35m、1.834m、1.168m、0.5m。

图 5-8 中上图展示了各测点的平面位置；下图展示了各测点所处的高度，其中只给出了 C1～C12 测点所处的高度，其他测点所处的高度根据测点排序一一对应。C1～C12 测点处传感器的方向为 Y 向，C13～C20 测点处传感器的方向为 X 向。图 5-9 是为了能测试到群仓整体扭转所定的测点方案。根据有限元模态振型［图4-6（c）］，群仓的整体扭转类似于一长方体的转动，当然，群仓上各个部位的转动量是不一样的，但是从群仓整体出发，找到最能体现扭转模态的点忽略其他点会使得工作量大大减少。由此按照图 5-9 所示的方式找到群仓四个角仓的四列测点用以测试群仓的扭转模态。这四列测点处传感器的放置方向为各个仓的外法线的切线方向，并沿逆时针旋转。图 5-9 中下图给出了C21～C28、C40～C43 测点所处的高度位置，测点 C30～C33、C35～C38 的高度位置在图中没有画出，可以分别对照 C25～C28、C40～C43 所处的高度。

按照图 5-8 和图 5-9 的测点设计方案布置传感器将获得群仓的前三阶整体模态。对于更高阶模态的获得，需要的测点数目较多，如果按照理想状态需要在每个筒身上都布置传感器，测点数目更多。这里仍然根据群仓结构的对称性，选择有代表性的三个仓进行测点布置方案设计。这三个仓分别为图5-10中的 11 号、22 号、33 号仓。根据有限元模态振型（图4-7），群仓中角仓的筒壁翘曲明显，中间仓的筒壁翘曲较弱，因此在布置测点时角仓测点数目多，中间仓测点数目少。由于群仓模型尺寸较小，在群仓的各仓之间的连接处，没有足够的人工可操作空间，因此无法布置测点。11 号、22 号、33 号仓的测点的具

体平面位置在图 5-9 中的上图中用角度详细表示出，图 5-9 中的下图给出了
部分测点所处的高度位置，其他测点的高度依据测点排序一一对应。

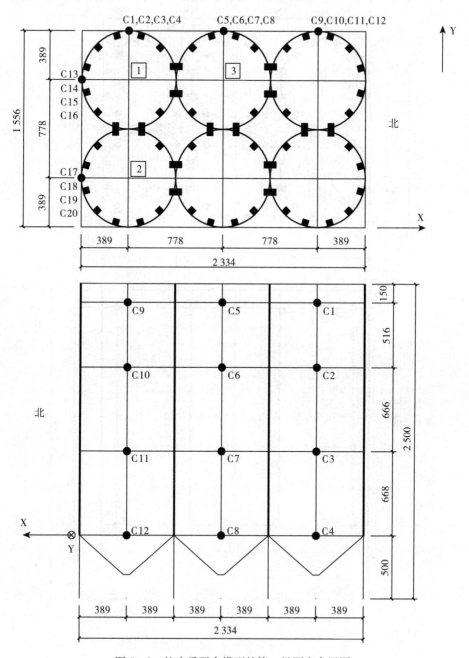

图 5-8　柱支承群仓模型的第一批测点布置图

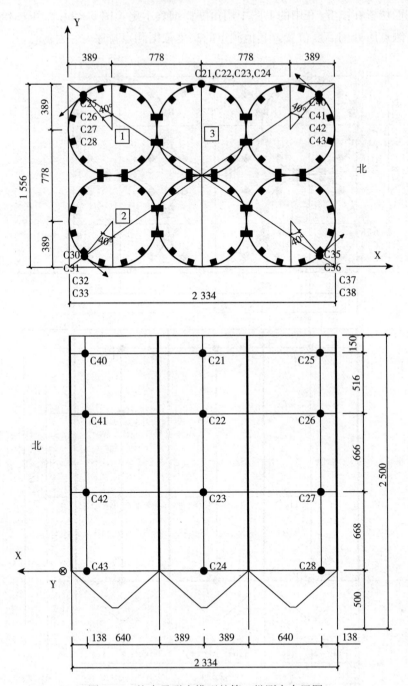

图 5-9 柱支承群仓模型的第二批测点布置图

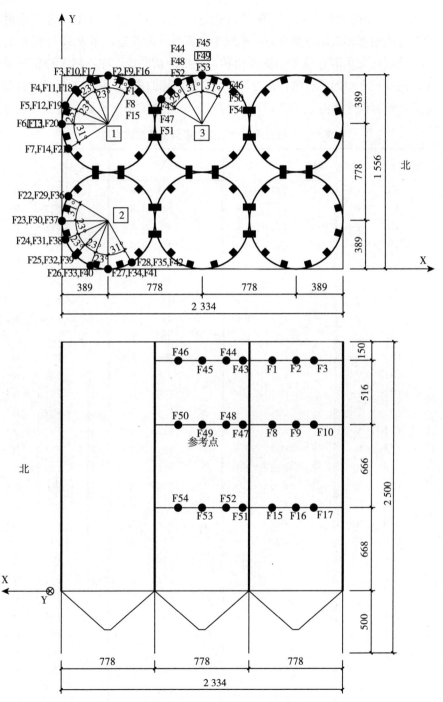

图 5-10　柱支承群仓模型的第三批测点布置图

图5-8中的所有测点一批测试完成，这一批测点用来获取柱支承群仓模型的短轴弯曲模态和长轴弯曲模态，不用于分析其他阶模态；图5-9中的所有测点用来获取柱支承群仓模型的整体扭转，一批测试完成，亦不用于分析其他阶模态；图5-10中的所有测点是为了获取仓壁的翘曲模态，测点数目较多，分两批进行，设有两个参考点F13和F49。表5-6列出了柱支承群仓模型测点分批

表5-6 柱支承群仓模型测点分批及测试方向

批次	测点号	方向	批次	测点号	方向	批次	测点号	方向	批次	测点号	方向
获取弯曲模态第一批	C1	Y+	获取扭转模态第一批	C21	θ+	获取仓壁翘曲模态第一批	F13	R+	获取仓壁翘曲模态第二批	F13	R+
	C2	Y+		C22	θ+		F49	R+		F49	R+
	C3	Y+		C23	θ+		F1	R+		F22	R+
	C4	Y+		C24	θ+		F2	R+		F23	R+
	C5	Y+		C25	θ+		F3	R+		F24	R+
	C6	Y+		C26	θ+		F4	R+		F25	R+
	C7	Y+		C27	θ+		F5	R+		F26	R+
	C8	Y+		C28	θ+		F6	R+		F27	R+
	C9	Y+		C30	θ+		F7	R+		F28	R+
	C10	Y+		C31	θ+		F8	R+		F29	R+
	C11	Y+		C32	θ+		F9	R+		F30	R+
	C12	Y+		C33	θ+		F10	R+		F31	R+
	C13	Y+		C35	θ+		F11	R+		F32	R+
	C14	X−		C36	θ+		F12	R+		F33	R+
	C15	X−		C37	θ+		F14	R+		F34	R+
	C16	X−		C38	θ+		F15	R+		F35	R+
	C17	X−		C40	θ+		F16	R+		F36	R+
	C18	X−		C41	θ+		F17	R+		F37	R+
	C19	X−		C42	θ+		F18	R+		F38	R+
	C20	X−		C43	θ+		F19	R+		F39	R+
	—	—		—	—		F20	R+		F40	R+
	—	—		—	—		F21	R+		F41	R+
	—	—		—	—		F43	R+		F42	R+
	—	—		—	—		F44	R+		F51	R+
	—	—		—	—		F45	R+		F52	R+
	—	—		—	—		F46	R+		F53	R+
	—	—		—	—		F47	R+		F54	R+
	—	—		—	—		F48	R+		—	—
	—	—		—	—		F50	R+		—	—

及测试方向。X－、Y＋分别对应于图 5-8 中的坐标方向；θ＋对应于图 5-9 中测点处箭头所指的方向；R＋代表图 5-10 中组成群仓的各单仓上测点的外法线方向。

图 5-11 给出了按照图 5-8～图 5-10 的测点设计方案在群仓上布置传感器的现场照片。图 5-11（a）是将第一批测点方案设计中的所有 20 个传感器安装固定好并进行测试的照片；图 5-11（b）是测试筒壁翘曲的传感器的安装固定及某一批的测试照片，图中传感器未在柱子与环梁交接处布置，主要是由于筒壁的翘曲主要发生在筒身的上部，越往下变形越小，因此这些部位不必布置传感器。而弯曲和扭转变形，在柱子与环梁交接处都非常明显，因此需要在那些部位布置传感器。

（a）第一批测点的传感器布置及测试　　　　　　（b）测试筒壁翘曲

图 5-11　柱支承群仓模型的传感器布置图

5.3.4　筒壁支承群仓模型的测试方案设计

根据第四章 4.3.4 节的有限元模态分析［图 4-9（b）、图 4-10（b）、图 4-11］，2×3 筒壁支承群仓模型的前三阶模态与 5.3.3 节柱支承群仓模型类似，表现为一阶沿 Y 方向的弯曲、二阶沿 X 方向的弯曲、三阶群仓整体绕中轴的转动。不同的是柱支承群仓模型的支承体系柱子刚度较筒壁支承群仓模型的筒壁支承体系的刚度弱得多，因此各阶振型沿群仓整个高度上的变化是不同的。筒壁支承群仓模型的四阶及以上的模态也主要表现为筒身的翘曲。

5.3.3 节中柱支承群仓模型的测点布置将弯曲、扭转、筒身翘曲分开考虑。这一节中筒壁支承群仓模型的测点布置方案将各阶模态同时考虑。共布置120 个测点，包括 2 个 X－、1 个 Y＋方向、1 个 Y－方向的参考点。所有测点分成五批进行测试，参考点在每一批中都进行测试，第一批测试中其他测点的测试方向均为 Y 方向（包括 Y＋和 Y－）；第二批测试中其他测点的测试方向均为 X 方向（包括 X＋和 X－）；第三批测试中的测点 C29～C44 的测试方向均为所在仓的相应点处的切线方向（逆时针），测点 C81～C88、C98 的测试方向均为所在仓的相应点的外法线方向；第四批、第五批测试中其他测点的测试方向均为所在仓的相应点的外法线方向。图 5－12 给出了所有测点的平面布置图，图 5－13 给出了所有测点的立面布置图。表 5－7～表 5－9 给出了第一批至第五批测点的编号及对应的测试方向。表中"R＋"代表组成群仓的各个单仓自身的外法线方向。

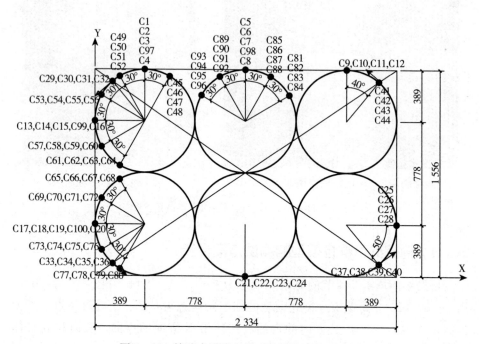

图 5－12　筒壁支承群仓模型的测点布置平面图

表 5-7　第一批、第二批、第三批测点及对应测试方向

采样批次	测点号	方向	采样批次	测点号	方向	采样批次	测点号	方向
	C1	Y+		C1	X−		C6，C101	Y+，X−
	C2	Y+		C2	X−		C14，C102	Y−，X−
	C3	Y+		C3	X−		C29	切线方向
	C4	Y+		C4	X−		C30	切线方向
	C5	Y+		C5	X−		C31	切线方向
	C6，C101	Y+，X−		C6，C101	Y+，X−		C32	切线方向
	C7	Y+		C7	X−		C33	切线方向
	C8	Y+		C8	X−		C34	切线方向
	C9	Y+		C9	X−		C35	切线方向
	C10	Y+		C10	X−		C36	切线方向
	C11	Y+		C11	X−		C37	切线方向
	C12	Y+		C12	X−		C38	切线方向
第一批	C13	Y−	第二批	C13	X−	第三批	C39	切线方向
	C14，C102	Y−，X−		C14，C102	Y−，X−		C40	切线方向
	C15	Y−		C15	X−		C41	切线方向
	C16	Y−		C16	X−		C42	切线方向
	C17	Y−		C17	X−		C43	切线方向
	C18	Y−		C18	X−		C44	切线方向
	C19	Y−		C19	X−		C81	R+
	C20	Y−		C20	X−		C82	R+
	C21	Y−		C21	X+		C83	R+
	C22	Y−		C22	X+		C84	R+
	C23	Y−		C23	X+		C85	R+
	C24	Y−		C24	X+		C86	R+
	C25	Y+		C25	X+		C87	R+
	C26	Y+		C26	X+		C88	R+
	C27	Y+		C27	X+		C98	R+
	C28	Y+		C28	X+		—	—

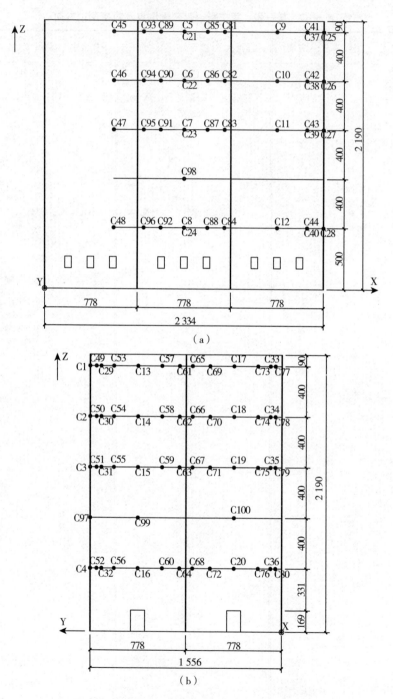

图 5 - 13　筒壁支承群仓模型的测点布置立面图

表 5 - 8 第四批测点及对应测试方向

采样批次	测点号	方向	测点号	方向	测点号	方向
	C6，C101	Y+，X−	C96	R+	C73	R+
	C14，C102	Y−，X−	C45	R+	C74	R+
	C89	R+	C46	R+	C75	R+
第	C90	R+	C47	R+	C76	R+
四	C91	R+	C48	R+	C77	R+
批	C92	R+	C69	R+	C78	R+
	C93	R+	C70	R+	C79	R+
	C94	R+	C71	R+	C80	R+
	C95	R+	C72	R+	C100	R+

表 5 - 9 第五批测点及对应测试方向

采样批次	测点号	方向	测点号	方向	测点号	方向
	C6，C101	Y+，X−	C53	R+	C59	R+
	C14，C102	Y−，X−	C54	R+	C60	R+
第	C49	R+	C55	R+	C97	R+
五	C50	R+	C56	R+	C99	R+
批	C51	R+	C57	R+		
	C52	R+	C58	R+		

图 5 - 14 给出了按照图 5 - 12、图 5 - 13 的测点设计方案布置传感器并分批进行测试的第一批、第二批的现场照片，各测点处传感器的方向依据表 5 - 7 而定。图 5 - 15 给出了按照图 5 - 12、图 5 - 13 的测点设计方案布置传感器并分批进行测试的第三批、第四批的现场照片，各测点处传感器的方向依据表 5 - 7、表 5 - 8 而定。第五批测试同第四批测试一样都是测试的各仓的外法线方向，这里不再给出现场照片图。

在筒壁支承群仓模型的整个测试过程中，由于测点布置较多，传感器数量有限，因此必须分批进行测试，分批后每批测试数据经过第三章的模态参数计算方法可以得到各阶频率和对应这一批各测点的振幅，因此在这五批测试完成后，如果每一批又进行 m 次采样，群仓的每阶模态将计算得到 $5m$ 个频率，最后的各阶频率可通过求平均得到，而每批数据只能得到这一批测点的相应振型，

（a）第一批测试　　　　　　　　　　　（b）第二批测试

图 5-14　筒壁支承群仓模型的第一批、第二批传感器布置及测试

（a）第三批测试　　　　　　　　　　　（b）第四批测试

图 5-15　筒壁支承群仓模型的第三批、第四批传感器布置及测试

　　要得到群仓的整体振型，就需要用参考点将各批数据联系起来，即各测点都相对于参考点进行归一，从而画出完整的振型图。因此参考点的选择至关重要，首先参考点不能选在振型节点处，其次参考点应选择在动力反应较大的位置。一般来说选用一个参考点即可，而实际测试时通常至少选择 2 个参考点，其主要原因：一方面是起备用作用；另一方面可以起到校核的作用；此外参考点还必须能把所需要的结构的各阶模态信息捕捉到。群仓的模态包括弯曲、扭转和筒身的翘曲，因此所选择的参考点必须满足上述要求。选择同一位置处的测点 C6（外

法线方向）、C101（切线方向），同一位置处的测点 C14（外法线方向）、C102（切线方向）作为五批测试的共用参考点。它们的具体位置参见图 5-12 和图 5-13。

5.3.5 超化煤仓的测试方案设计

根据第四章 4.3.5 节对煤仓的有限元分析（图 4-17），它的一阶振型为沿某个方向的弯曲，二阶及以上振型均表现为筒壁的翘曲。显然，通过测试要捕捉到煤仓的弯曲只需要布置很少的测点就可以实现，而要捕捉到筒壁的翘曲模态，将需要布置很多个测点才可以实现，理想的情况是在仓上布置尽可能多的测点，但是实际测试时还需要根据现场的条件，往往并不能达到理想状态。从图 5-16 可以看到仓的整个高度（不包括仓上建筑）为 34.15m，要在仓上布置测点需要进行高空作业，具有一定的危险性，因此应尽量以较少的测点反应所需要的模态。

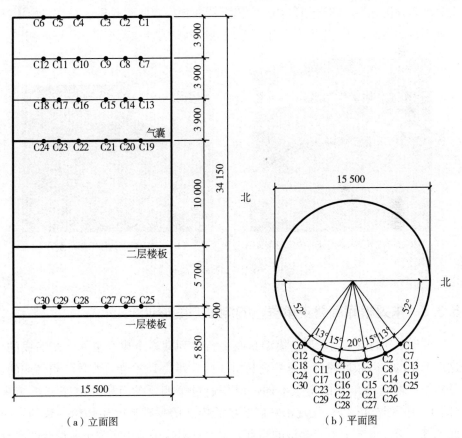

（a）立面图　　　　　　　　　　　（b）平面图

图 5-16　煤仓的测点布置图

在煤仓 22.45m 高度处布置有气囊［图 5－17（a）中的黄色小装置即为气囊］，并外伸一圈供行人站立或检修用的大约 900mm 宽度的钢板［图 5－16（a）图给出了钢板的具体位置］；由图 5－4 顶部三个煤仓通过仓上建筑相连；在所测试的煤仓西侧的仓壁上还设置有爬梯。这些因素都限定了工作人员只能在煤仓特定的位置布置传感器。综合考虑上述几个方面的原因，煤仓上测点的布置方案如图 5－16 所示，测点共有 30 个，共分 5 层，分别在 34.15m 高度处（煤仓顶）、30.25m 高度处、26.35m 高度处、22.45m 高度处（钢板处）、6.75m 高度处（一层楼板以上 900mm 处），每一层有 6 个测点，从北向南测点之间的角度依次为 13°、15°、20°、15°、13°。

图 5－17 给出了仓壁上传感器布置的实际位置。图 5－17（a）中传感器布置在仓壁外侧，是因为工作人员可以很方便地利用外墙体粉刷的装置从仓顶部下滑分列布置传感器；图 5－17（b）中传感器在距煤仓底部 6.75m 高度，由于气囊处钢板的阻碍，工作人员无法下滑到此处，因此将传感器布置在仓壁内侧。

（a）30.25m、26.35m高度处的传感器布置图　　　　（b）6.75m高度处传感器布置图

图 5－17　煤仓上的传感器布置图

5.3.6　东郊粮库筒壁支承群仓的测试方案设计

5.3.4 节的筒壁支承群仓模型是由 2 行 3 列共 6 个单仓整体浇筑而成的，这一节中的东郊粮库筒壁支承群仓是由 3 行 5 列共 15 个单仓整体浇筑而成的，虽然组成群仓的单仓的个数不同，但是通过第四章的有限元模态分析结果（图 4－19 至图 4－25）发现，它们的各阶模态的呈现形式还是相一致的。因此 5.3.3 至 5.3.4 节群仓模型的测点方案设计对这一节中东郊粮库群仓的测点布置方案具有重要的参考价值。

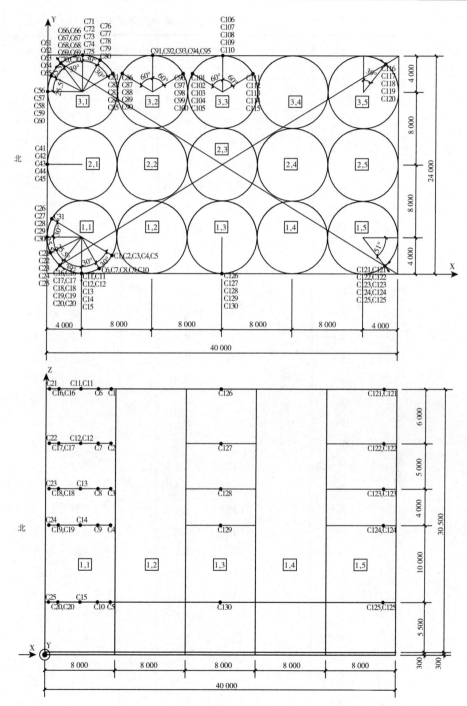

图 5-18　东郊粮库筒壁支承群仓的测点布置图

表 5-10　第一批、第二批、第三批测点编号及测试方向

采样批次	测点号	方向	采样批次	测点号	方向	采样批次	测点号	方向
	C11	R+		C11	R+		C11	R+
	C11	切线方向		C11	切线方向		C11	切线方向
	C12	R+		C12	R+		C12	R+
	C12	切线方向		C12	切线方向		C12	切线方向
	C1	R+		C17	R+		C27	R+
	C2	R+		C17	切线方向		C28	R+
	C3	R+		C18	R+		C29	R+
	C4	R+		C18	切线方向		C30	R+
	C5	R+		C19	R+		C42	R+
	C6	R+		C19	切线方向		C43	R+
	C7	R+		C20	R+		C44	R+
	C8	R+		C20	切线方向		C45	R+
	C9	R+		C22	R+		C57	R+
	C10	R+		C23	R+		C58	R+
第一批	C13	R+	第二批	C24	R+	第三批	C59	R+
	C14	R+		C25	R+		C60	R+
	C15	R+		C71	R+		C62	R+
	C16	R+		C91	R+		C63	R+
	C16	切线方向		C122	R+		C64	R+
	C21	R+		C122	切线方向		C65	R+
	C26	R+		C123	R+		C67	R+
	C31	R+		C123	切线方向		C67	切线方向
	C41	R+		C124	R+		C68	R+
	C56	R+		C124	切线方向		C68	切线方向
	C61	R+		C125	R+		C69	R+
	C66	R+		C125	切线方向		C69	切线方向
	C66	切线方向		C127	R+		C70	R+
	C121	R+		C128	R+		C70	切线方向
	C121	切线方向		C129	R+		C76	R+
	C126	R+		C130	R+		C106	R+

表 5 - 11　第四批测点编号及测试方向

采样批次	测点号	方向	测点号	方向	测点号	方向	测点号	方向
第四批	C11	R+	C77	R+	C85	R+	C94	R+
	C11	切线方向	C78	R+	C86	R+	C95	R+
	C12	R+	C79	R+	C87	R+	C96	R+
	C12	切线方向	C80	R+	C88	R+	C101	R+
	C72	R+	C81	R+	C89	R+	C111	R+
	C73	R+	C82	R+	C90	R+	—	—
	C74	R+	C83	R+	C92	R+	—	—
	C75	R+	C84	R+	C93	R+	—	—

表 5 - 12　第五批测点编号及测试方向

采样批次	测点号	方向	测点号	方向	测点号	方向	测点号	方向
第五批	C11	R+	C100	R+	C109	R+	C117	切线方向
	C11	切线方向	C102	R+	C110	R+	C118	切线方向
	C12	R+	C103	R+	C112	R+	C119	切线方向
	C12	切线方向	C104	R+	C113	R+	C120	切线方向
	C97	R+	C105	R+	C114	R+	—	—
	C98	R+	C107	R+	C115	R+	—	—
	C99	R+	C108	R+	C116	切线方向	—	—

　　根据第四章 4.3.6 节东郊粮库群仓的有限元模态分析结果（图 4 - 19 至图 4 - 25），参照图 5 - 18 规定的坐标方向及定义的各仓编号，东郊粮库群仓的一阶模态为沿短轴 Y 方向的弯曲，二阶模态为沿长轴 X 方向的弯曲，三阶模态为群仓整体的扭转，四阶及以上模态主要表现为筒壁的翘曲，而且主要是四个角仓筒壁的翘曲。在各阶模态中，最中间位置的 2，3 号仓的变形最小，其次是长轴第 3 列的 1，3 号仓、3，3 号仓，其余中间仓的变形也较小。从各阶振型图可以看出仓与仓的连接部位附近的变形较中间仓其他位置处的变形明显。因此进行测点方案设计时，一方面考虑群仓结构的对称性；一方面通过观测各阶振型图，在变形明显的地方布置测点。从第一个方面出发，选择有代表性的 1，1 号、3，1 号两个角仓，及 3，2 号、3，3 号、2，1 号三个边仓，并结合现场试验条件在这些仓上布置满足提取所需模态的足够数量的测点；从第

二个方面出发，在变形明显的 1，1 号、3，1 号两个角仓上布置的测点较其他仓上的测点密些，其他仓上的测点可适当减少。此外，类似于 5.3.3～5.3.4 节群仓模型提取扭转模态的测点布置方案，这里也分别在四个角仓上均布置一列测点，并测试其切线方向，用以获得群仓的整体扭转。

（a）角仓及边仓上部分传感器的布置

（b）从仓顶俯视拍摄的传感器布置图

（c）群仓顶盖传感器的布置图

图 5-19　东郊粮库群仓的传感器布置图

　　根据上述分析，东郊粮库群仓环境激励试验总共布置测点数目为 128 个，其中有四个参考点，两个测试组成群仓的单仓外法线方向，两个测试外法线的切线方向。分五个批次进行测试，第一批、第二批、第三批的测点数目均为 30 个，第四批的测点数目为 29 个，第五批的测点数目为 25 个，以上各批次的测点数目均包括 4 个参考点在内。测试过程中每一批次的采样次数至少为 3

次，以保证所测试数据的质量，群仓各阶模态频率由各个批次求解出的频率再求算术平均得到。群仓的整体振型由每批计算出的振型向参考点归一得到。图5-18上部的平面图给出了所有测点所在的平面位置，下部的立面图只给出了部分测点的立面位置，其他测点所处的高度根据测点排序一一对应。表5-10列出了第一批、第二批、第三批测点对应的测试方向，表5-11、表5-12分别列出了第四批、第五批测点对应的测试方向。表中"R+"代表组成群仓的各个单仓自身的外法线方向。

图5-19给出了现场拍摄的部分传感器在筒壁和仓顶的布置图。由于工作设备的限制，最上一层传感器无法布置在筒壁上，因此将它们用角钢固定在同半径处仓顶盖上［图5-19（c）］。由图5-19（a）及图5-18下图可以发现，最下一层测点距离筒壁上的另外三层测点较远，这一层测点布置在此高度处，主要是由于此处为环梁所在位置，在此处刚度有突变，因此需要布置传感器观测此处的变形情况。筒壁上另外三层传感器的布置靠近群仓顶部的位置，主要是考虑到群仓上部的变形较下部明显。

5.4　立筒仓环境激励测试及信号分析

随着工程中各种不同贮料工艺要求的大量出现，立筒仓由中小型发展到大型甚至特大型，其直径由10~20m发展到30~50m，高度超过了50m。在粮食行业，钢筋混凝土立筒仓的规模由原来的单仓、小直径群仓发展到大直径多组合的群仓，组合方式如5.3节2×3的群仓模型、3×5的东郊粮库群仓。实际生活中有些群仓的组合更为庞大，例如大连北粮港筒仓群，是由128个单仓构成的群仓，其数量之大为亚洲之最。在煤炭等行业，由于运送贮料工艺的要求，目前主要以单仓或单排群仓的形式存在，如5.3节超化煤仓单仓。

上述实际中使用的钢筋混凝土立筒单仓或群仓，从结构规模看都属于大型建筑结构，因此要测试其动力响应，采用人工激励显然不切实际。近年来发展起来的用于大型建筑结构或桥梁结构的环境激励法测试已经比较成熟，但是目前国内外并没有专家、学者采用这一方法对立筒仓结构进行模态试验并分析其工作模态参数。本书鉴于目前规范中对立筒群仓的计算没有相应的理论依据可循，借助环境激励测试其加速度响应并进行动力参数的求解。这样一方面可以修正立筒仓的有限元计算模型，在此基础上为立筒仓的动力计算提供可靠的动力参数；另一方面还可以为在役立筒仓的健康检测奠定基础。

5.4.1 环境激励测试中主要参数的选择

在立筒仓的环境激励测试过程中,有诸多复杂的外部环境的影响,如煤仓有昼夜运送煤炭的火车的行驶、煤炭不时地装卸等;粮仓内通风除湿机械的昼夜运行。这些都将影响测试信号的质量,因此测试过程中需要采取一定的措施尽可能保证采样数据的质量:①采用合适的采样频率 f_s(满足采样定理 $f_s \geqslant 2f_{max}$), f_{max} 为所需要得到的结构的最大频率;②采用滤波器进行抗混滤波,设定上限频率,消除不在考虑范围内的其他频率信号的影响;③采样时间足够长以尽可能得到较平稳的数据信号;④如果后处理采样数据采用频域方法,通常用到傅里叶变换(FFT),因此还需要选择某种窗函数,减少谱泄漏,提高信号频谱的精度;⑤采样时间的选择。虽然无须测得输入信号,只有输出信号就可以识别出系统的模态参数,但是多数模态识别方法对输入信号做了假定,认为输入信号满足零均值平稳振动信号,而实际过程中由于复杂的周边环境的影响,很难完全实现这个条件。可以通过选择周围环境较安静的时间点开始数据采集,通常选在深夜进行测试。

表 5-13 给出了环境激励试验中各试验项目主要参数的设定。其中采样频率是根据采样定理而定的,上限频率的设定是为了滤除高于此频率信号的干扰,窗函数的设定和时域点数的设定是为了频域后处理进行 FFT 所设置的。上述所有试验项目每批的采样次数都至少为 3 次。

表 5-13　环境激励测试中主要参数的设定

试验项目	柱支承单仓模型	筒壁支承单仓模型	柱支承群仓模型	筒壁支承群仓模型	超华煤仓	东郊粮库群仓
采样频率	200	200	100/200Hz	200Hz	100Hz	100/50Hz
上限频率	100	100	30/100Hz	30/100Hz	30Hz	30/10Hz
窗函数	海宁窗	海宁窗	海宁窗	海宁窗	海宁窗	海宁窗
时域点数	1 024/2 048	1 024/2 048	1 024/2 048	1 024/2 048	1 024	1 024

5.4.2 环境激励测试信号分析

5.4.2.1 随机振动信号的特性

在对表 5-13 中所列的所有试验项目进行测试时采用的都是环境激励方

法，显然这是随机振动现象。而随机振动具有振动无规律的特点，振动物理量无法用确定的时间函数来表达，但是可以用数理统计的方法来描述它。通常在时域中对随机振动信号进行处理时，需要考虑的基本特性为：概率分布函数、概率密度函数、均值、相关函数、均方值及方差等。

（1）概率分布函数。假设有 N 个样本函数，则随机振动信号的概率分布函数即为这 N 个样本函数的集合：$X = \{x(n)\}$，在 t_1 时刻，有 N_1 个样本函数的函数值不超过指定值 x，则它的概率分布函数的估计为：

$$P(X \leqslant x, t_1) = \lim_{N \to \infty} \frac{N_1}{N} \qquad (5-1)$$

（2）概率密度函数。概率密度函数为概率分布函数对变量 x 的一阶导数，它表示一随机振动信号的幅值落在某一范围内的概率，它随着所取范围处的幅值而变化，是幅值的函数。随机振动信号概率密度函数的估计为：

$$f(x) = \frac{N_x}{N . \Delta x} \qquad (5-2)$$

式中，Δx 是以 x 为中心的窄区间，N_x 为 $\{x_n\}$ 数组中数值落在 $x \pm \Delta x/2$ 范围中的数据个数，N 为总的数据个数。

（3）均值、均方值、方差。样本函数为 $x(k)$，$k = (1, 2, \cdots, N)$，随机振动信号均值的估计为：

$$\mu_x = \frac{1}{N} \sum_{k=1}^{N} x(k) \qquad (5-3)$$

随机振动信号均方值的估计为样本函数 $x(k)$ 的平方在时间坐标上有限长度的积分平均。表达式为：

$$\psi_x^2 = \frac{1}{N} \sum_{k=1}^{N} x^2(k) \qquad (5-4)$$

方差是去除了均值后的均方值，离散随机振动信号方差的表达式为：

$$\sigma_x^2 = \frac{1}{N} \sum_{k=1}^{N} [x(k) - \mu_x]^2 \qquad (5-5)$$

（4）自相关函数。自相关函数是对同一随机振动样本函数随时间坐标移动进行相似程度计算得到的，它描述了随机振动同一样本函数在不同瞬时幅值之间的依赖关系，即反映了同一条随机振动信号波形随时间坐标移动时相互关联紧密性的一种函数。离散随机振动信号自相关函数的表达式如下：

$$R_{xx}(k) = \frac{1}{N} \sum_{i=1}^{N-k} x(i)x(i+k) \quad k = 0, 1, 2, \cdots, m \qquad (5-6)$$

式中，$x(i)$ 等价于 $x(i\Delta t) = x(t)$ 为样本函数，$R_{xx}(k)$ 等价于 $R_{xx}(k\Delta t) =$

$R_{xx}(\tau)$，τ 为时间坐标移动值，Δt 为采样时间间隔。

$R_{xx}(k)$ 为偶函数，$R_{xx}(-\tau)=R_{xx}(\tau)$。在 $\tau=0$ 时取最大值，即 $R_{xx(0)} \geqslant$ | $R_{xx}(\tau)$ |。当 $\tau \rightarrow \infty$ 时，均值为 0 的且不含有任何确定成分的纯随机振动信号的自相关函数值等于 0。

自相关函数曲线收敛的快慢在一定程度上反映信号中所含的各频率分量的多少。工程应用中常利用自相关函数来检测随机振动信号中是否含有周期振动成分，因为随机分量的自相关函数总是随时间坐标移动值 $\tau \rightarrow \infty$ 而趋近于 0 或某一常数，而周期分量的自相关函数保持原来的周期性不衰减。

5.4.2.2 测试数据信号分析

5.4.2.1 小节中给出了随机振动信号的基本特性，现在从这些基本特性出发，并选取其中的试验项目——超化煤仓，详细分析测试得到的加速度响应信号。

在采集过程中由于诸多因素的影响，如放大器随温度变化产生的零点漂移或者是传感器频率范围外低频性能的不稳定及传感器周围外部环境的干扰，可能会造成原始数据信号偏离基线，即原始信号具有一定的趋势项。选取图 5-16 中的测点 C7、C3 的 300s～351.19s 时间段内的加速度信号进行分析。图 5-20 给出了 C7 的加速度时程曲线，图 5-20（a）是采集到的原始信号曲线，图 5-20（b）是消除趋势项后的信号曲线。从图 5-20（a）可以看出，原始数据偏离基线较明显，而原始数据的趋势项直接影响测试信号的正确性，因此应该将其消除。采用多项式最小二乘法对原始信号进行处理，处理后的加速度曲线如图 5-20（b）所示，可以看出信号消除趋势项后不再偏离基线。图 5-21 给出的是煤仓测点 C3 的加速度时程曲线，观测原始信号曲线图 5-21（a），很难用肉眼判断其是否具有趋势项，对比图 5-21（a）和消除趋势项后的曲线图 5-21（b），用肉眼也很难发现其中的不同。这至少直观地说明测点 C3 的原始信号还是不错的。为了证明这一点，可以看图 5-22 测点 C3 的数据统计图。图 5-22（a）是加速度概率密度函数曲线，它的横坐标代表加速度（单位：mm/s²），它的纵坐标代表加速度 a 取 a_1、a_2、a_3，…，a_i 各可能值的概率，可以看出，测点 C3 的加速度的概率密度函数的形状近似为一倒钟形，为一正态分布图，曲线顶点的横坐标值为 0，即加速度的均值为 0。图 5-22（b）是加速度概率分布函数曲线，它的横坐标亦代表加速度（单位：mm/s²），它的纵坐标代表随机变量 a 不超过某一值 a_i 的概率 $F(a)$，可以看出：$0 \leqslant F(a) \leqslant 1$，$F(a)$ 是单调上升的，$\lim\limits_{a \rightarrow -\infty} F(a)=0$，$\lim\limits_{a \rightarrow +\infty} F(a)=1$。

图 5-23 给出了测点 C3 的自相关函数曲线图，可以看出自相关函数为偶函数，在时间 $t=0$ 时，自相关函数曲线具有最大值，随着时间 $t \rightarrow \infty$，自相关函数值逐渐衰减为零，由此可以判断这一随机振动信号中不包含周期振动成分。

根据上述分析，测点 C3 的加速度响应信号满足各态历经性，为一平稳随机过程。即认为系统处于平衡状态的宏观性质是微观量在足够长时间上的平均值；认为随机过程中的任一实现都经历了随机过程的所有可能状态。由此，可用一个实现的统计特性来了解整个过程的统计特性，从而使得"统计平均"化为"时间平均"，这样实际测量的技术问题将大大简化。

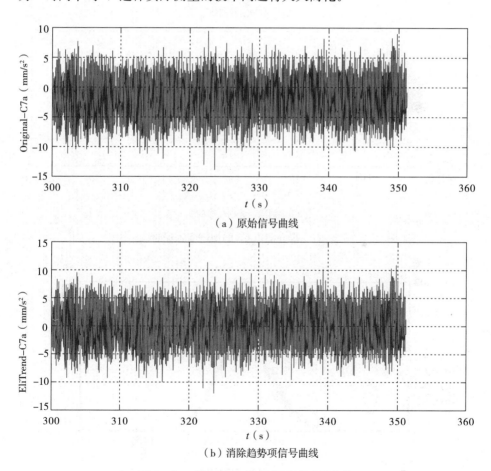

（a）原始信号曲线

（b）消除趋势项信号曲线

图 5-20　煤仓测点 C7 的加速度时程曲线

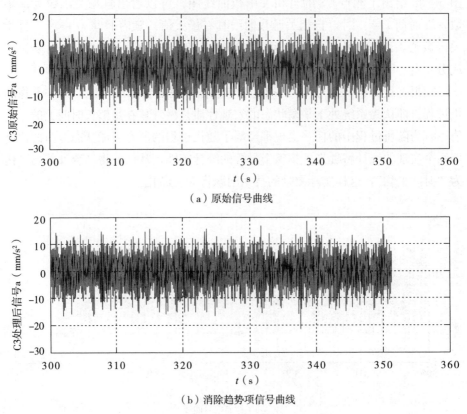

（a）原始信号曲线

（b）消除趋势项信号曲线

图 5 - 21　煤仓测点 C3 的加速度时程曲线

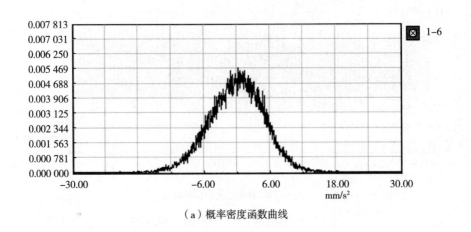

（a）概率密度函数曲线

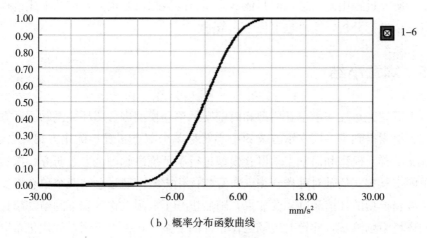

（b）概率分布函数曲线

图 5 - 22　测点 C3 的数据统计图

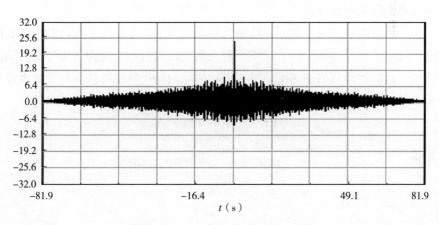

图 5 - 23　测点 C3 的自相关函数

从随机振动信号的基本特性出发，对所测得的数据信号进行初步分析是非常重要的，因为这样可以发现哪一批次或哪几批次中哪些点的数据信号较为理想，哪些测点的数据信号有问题，有的甚至会严重失真。在后期模态参数计算中将有目标的选取数据信号较为理想的采样批次的响应信号作为已知条件输入。

在上述分析中，仅从煤仓所有布置的测点中选取了两个较典型测点的加速度信号进行分析，同理可以分析其他测点的数据信号，这里不再针对每个测点依次分析。

在研究过程中，所进行的其他试验项目的数据信号也需要按照上述过程对测点逐个进行分析，这里也不再——赘述。

5.5 本章小结

本章首先对柱支承单仓模型和筒壁支承单仓模型进行了环境激励测试方案研究，探索得到了不同支承方式的中心对称单仓测点布置与优化方案，之后，对柱支承群仓模型和筒壁支承群仓模型进行了环境激励测试方案研究，探索得到不同支承方式的轴对称群仓测点布置与优化方案。通过总结两个单仓模型和两个群仓模型的环境激励实验成果，随后进行了实际工作状态下的新密超化煤仓的环境激励测试，并针对现场工作条件的复杂性，提出了测点的优化布置方案，最后将环境激励测试方法应用于郑州东郊粮库群仓，提出了实际工作状态群仓的测点优化布置方案。

本章最后以超化煤仓为例，从随机振动信号的基本特性出发，对采集到的加速度信号进行了详细分析，证实了对立筒仓这类特殊结构物采用环境激励法测试是可行的，得到的加速度信号可以近似认为是平稳随机振动信号，因此利用第三章的改进的数据驱动随机子空间方法识别它的动力参数是可行的。

第六章 立筒仓模态参数识别

6.1 引言

本章利用第三章提出的改进的数据驱动随机子空间方法识别第五章进行环境激励模态实验的柱支承单仓模型、筒壁支承单仓模型、2×3柱支承群仓模型、2×3筒壁支承群仓模型、河南省新密市超化煤矿的某一煤仓和河南省郑州市东郊粮库筒壁支承群仓（3×5）的频率、阻尼比、振型。并将识别结果与第四章有限元模态分析结果进行对比，验证改进的数据驱动随机子空间方法识别立筒仓模态参数的有效性和准确性。

6.2 采样数据预处理方法简介

在振动测试中，通过在被测对象的某些位置布置传感器，采集得到动力反应大小随时间变化的曲线——振动时程信号曲线（振动波形）。在进行结构模态分析前，需要对振动波形进行预处理，从采集到的时程信号中提取所需要的各种信息或将时程信号转换成其他所需要的形式。通过对信号进行预处理，有选择性地保留或滤除实测振动波形的某些频率成分，消除实测振动波形的畸变状况，再现波形的真实面貌。

对测试得到的振动信号进行数字滤波是信号预处理中的一种。数字滤波后可以从采集得到的数据信号中将所感兴趣的信号挑选出来。数字滤波的主要作用有：提高信噪比、抑制干扰信号、滤除噪声或虚假成分、分离频率分量、平滑分析数据等。

除了需要对信号进行数字滤波外，对振动信号进行趋势项消除也是关键的步骤。在第五章5.4.2.2测试数据信号分析小节，以河南省新密市超化煤仓的某几个测点的原始信号为例，进行了数据预处理分析。由于某些因素如放大器受温度影响、传感器周围环境的干扰、传感器频率范围外低频性能的不稳定等影响，发现采集到的振动信号数据，产生了零点漂移，信号偏离基线，使得信号具有一定的趋势项。为了消除信号的趋势项，对煤仓的某个测点采用多项式最小二乘法处理。实际中所有测试信号都需要进行预处理后，才能作为模态参数识别的已知数据进行应用，否则结果会严重失真。

在以下 6.2.1 节中给出数字滤波的有关知识，在 6.2.2 节中给出最小二乘法消除多项式趋势项的方法，在 6.2.3 节中给出五点三次平滑法消除信号不规则趋势项的方法。

6.2.1　数字滤波

6.2.1.1　频域方法

数字滤波有频域方法和时域方法。频域方法的思想是利用快速傅里叶变换 FFT 对输入信号采样数据进行离散傅里叶变换，得到采样数据的频谱图并进行分析，然后再利用逆傅里叶变换 IFFT 将滤波处理后的数据恢复得到域信号。通过设置滤波器的频率范围，信号进入滤波器后，有些频率成分可以通过，其他频率成分被阻挡，能通过滤波器的频率范围称为通带，受阻挡或被衰减成很小的频率范围称为阻带，这样所感兴趣的频率范围内的数据信号被选择出来。频域方法具有较好的灵活性和频率选择性，数字滤波频域方法的表达式如下：

$$y(\zeta) = \sum_{k=0}^{N-1} H(k)X(k)e^{j2\pi k\zeta/N} \qquad (6-1)$$

式中，X 代表输入信号 u 的离散傅里叶变化，H 代表滤波器的频率响应函数，用来确定滤波器的方式和特点。

从（6-1）式可以看出信号的傅里叶频谱与滤波器的频率特性是简单的相乘关系，因此，运算速度相比计算等价的时域卷积快很多，还不会产生时移。

数字滤波的频域方法简单，计算速度快，有着广泛的应用空间。但是其对频域数据的突然截断会造成谱泄漏，这将导致滤波后的时域信号有一定程度的失真变形。因此，这一方法适于振动幅值最终逐渐变小的信号或者数据长度较大的信号。

6.2.1.2　时域方法

数字滤波时域方法的主要思想是：对离散信号数据进行差分方程数学运算以达到滤波的目的。它的实现方法有两种：IIR 无限长冲击响应数字滤波器和FIR 有限长冲击响应数字滤波器。通过 FIR 数字滤波器可以得到系统准确的线性相位，但是在 IIR 数字滤波器中，通带中的线性相位是得不到的，IIR 滤波器的设计只考虑了幅度指标。

IIR 数字滤波器的设计通常借助于模拟滤波器原型，再将模拟滤波器转换成数字滤波器。常用的模拟低通滤波器原型的产生函数有：巴特沃斯滤波器原型、椭圆滤波器原型、切比雪夫 I 型和切比雪夫 II 型滤波器原型及贝塞尔滤波器原型等。

6.2.2　最小二乘法消除多项式趋势项

假设实际采集得到的振动信号的数据序列为 $\{u_k\}(k=1,2,3,4,\cdots,n)$，由于实际采样过程中，采样频率 f_s 是恒定的，因此数据是等时间间隔的。采用简化处理，假定采样时间间隔 $\Delta t=1$，u_k 用如下的多项式来表达：

$$\hat{u}_k = a_0 + a_1 k + a_2 k^2 + a_3 k^3 + \cdots + a_m k^m (k=1,2,3,4,\cdots,n)$$

$$(6-2)$$

若要使多项式 $\hat{u}_k$ 能与离散数据序列 u_k 近似，就必须采用合适的方法确定 $\hat{u}_k$ 中的未知系数 $a_i(i=0,1,2,\cdots,m)$。建立如下目标函数：

$$E = \sum_{k=1}^{n} (\hat{u}_k - u_k)^2 = \sum_{k=1}^{n} \left(\sum_{i=0}^{m} a_i k^i - u_k\right)^2 \qquad (6-3)$$

（6-3）式描述了多项式 $\hat{u}_k$ 与离散数据序列 u_k 的误差平方和 E，使 E 为最小即让 E 取极值确定系数 a_i。满足 E 有极值的条件为：

$$\frac{\partial E}{\partial a_i} = 2\sum_{k=1}^{n} k^j \left(\sum_{i=0}^{m} a_i k^i - u_k\right) = 0 \quad (j=0,1,2,3,\cdots,m)$$

$$(6-4)$$

系数 a_i 有 $m+1$ 个，E 依次对 a_i 求偏导，将得到 $m+1$ 个线性方程组：

$$\sum_{k=1}^{n} \sum_{i=0}^{m} a_i k^{i+j} - \sum_{k=1}^{n} u_k k^j = 0 \quad (j=0,1,2,3,\cdots,m) \quad (6-5)$$

求解上述方程组，得到 $m+1$ 个系数 $a_i(i=0,1,2,\cdots,m)$。以上各式中，m 为多项式阶次，其值范围为 $0 \leqslant i \leqslant m$。

以上若取 $m=0$ 则求得的为常数趋势项，即

$$\sum_{k=1}^{n} a_0 k^0 - \sum_{k=1}^{n} u_k k^0 = 0 \qquad (6-6)$$

由（6-6）式求解得到：

$$a_0 = \frac{1}{n}\sum_{k=1}^{n}u_k \qquad (6-7)$$

（6-7）式意味着当 $m=0$ 时求得的信号的趋势项为采样数据的算术平均值。消除常数趋势项的计算公式为：

$$y_k = u_k - \hat{u}_k = u_k - a_0 \ (k=1,2,3,\cdots,n) \qquad (6-8)$$

以上若取 $m=1$ 则求得的为线性趋势项，即

$$\begin{cases} \sum_{k=1}^{n}a_0 k^0 + \sum_{k=1}^{n}a_1 k - \sum_{k=1}^{n}u_k k^0 = 0 \\ \sum_{k=1}^{n}a_0 k + \sum_{k=1}^{n}a_1 k^2 - \sum_{k=1}^{n}u_k k = 0 \end{cases} \qquad (6-9)$$

由（6-9）式求解得到：

$$\begin{cases} a_0 = \dfrac{2(2n+1)\sum_{k=1}^{n}u_k - 6\sum_{k=1}^{n}u_k k}{n(n-1)} \\ a_1 = \dfrac{12\sum_{k=1}^{n}u_k k - 6(n-1)\sum_{k=1}^{n}u_k}{n(n-1)(n+1)} \end{cases} \qquad (6-10)$$

由此得到消除线性趋势项的计算公式为：

$$y_k = u_k - \hat{u}_k = u_k - (a_0 + a_1 k)\ (k=1,2,3,\cdots,n) \qquad (6-11)$$

当 $m \geqslant 2$ 时为曲线趋势项，在对实际测试得到的振动信号进行数据预处理时，一般取 $m = 1 \sim 3$ 对采样数据进行多项式趋势项的消除。

6.2.3 五点三次平滑法消除不规则趋势项

6.2.2 节给出了利用最小二乘法消除采集数据多项式趋势项的方法。此外，通过数据采集仪采集到的振动信号通常还叠加有噪声信号，其中含有 50Hz 的工频及其倍频程等周期性的干扰信号、其他不规则的随机干扰信号等，这些随机干扰信号的频带较宽，高频成分有时所占比例也很大，造成了采集得到的离散数据描绘而成的振动曲线带有许多毛刺，很不光滑。因此需要对采样数据进行平滑预处理，提高振动曲线的光滑度，从而削弱随机干扰信号的影响。

另外，对采样数据进行平滑处理，还可以将信号的不规则趋势项消除。不规则趋势项可能是由于在振动测试过程中，测试仪器受到某些意外干扰造成个

别测点的数据曲线偏离基线较大而形成的。消除信号的不规则趋势项可以用简单平均法、加权平均法、五点滑动平均法、五点三次平滑法对数据进行多次平滑处理，得到光滑的趋势项曲线，之后用原始信号减去不规则趋势项，从而消除信号的不规则趋势项。

本书对采集数据进行平滑处理采用的是五点三次平滑法，它是利用最小二乘法原理对离散数据进行三次最小二乘多项式平滑的方法，五点三次平滑法的计算公式如下：

$$
\begin{cases}
y_1 = \dfrac{1}{70}\left[69u_1 + 4(u_2 + u_4) - 6u_3 - u_5\right] \\[2mm]
y_2 = \dfrac{1}{35}\left[2(u_1 + u_5) + 27u_2 + 12u_3 - 8u_4\right] \\[2mm]
\qquad\qquad\qquad\qquad\vdots \\[2mm]
y_i = \dfrac{1}{35}\left[-3(u_{i-2} + u_{i+2}) + 12(u_{i-1} + u_{i+1}) + 17u_i\right] \quad (i = 3,4,\cdots,m-2) \\[2mm]
\qquad\qquad\qquad\qquad\vdots \\[2mm]
y_{m-1} = \dfrac{1}{35}\left[2(u_{m-4} + u_m) - 8u_{m-3} + 12u_{m-2} + 27u_{m-1}\right] \\[2mm]
y_m = \dfrac{1}{70}\left[-u_{m-4} + 4(u_{m-3} + u_{m-1}) - 6u_{m-2} + 69u_m\right]
\end{cases}
$$

$$(6-12)$$

五点三次平滑法对时域数据进行平滑处理的主要作用是减少混入振动信号中的高频随机噪声信号。五点三次平滑法对频域数据进行平滑处理后，谱曲线变得很光滑，在模态参数识别过程中，将得到更好的拟合效果。但是对频域数据进行五点三次平滑后，谱曲线的峰值降低，体形变宽，因此平滑次数不宜太多，否则会造成识别参数的误差增大。

6.3 环境激励下柱支承单仓模型的模态参数识别

6.3.1 模型介绍

柱支承单仓模型的外观照片参见第五章图 5-2。单仓由筒壁、漏斗、环梁、12 根柱子构成，筒壁的高度为 2m，柱子的高度为 500mm，柱截面为 50mm×50mm，仓壁厚度为 14mm。12 根柱子通过环梁与筒壁相连接整体浇筑在一起。单仓内没有任何贮料，为空仓。

6.3.2 信号预处理

在 5.3.1 节中给出了柱支承单仓模型的测试方案，按照表 5-3 对 R 向所有测点分四批进行环境激励测试，按照表 5-4 对 θ 向所有测点分两批进行环境激励测试。各批次的采样频率 f_s 均为 200Hz，上限频率 f_{uu} 设定为 100Hz，分析频率 f_a 与采样频率 f_s 之间的关系为 $f_s = 2.56f_a$，采集得到各测点的加速度信号。在进行结构的模态参数识别之前，需要首先对测得的加速度信号进行预处理，包括 6.2 节的数字滤波、消除多项式趋势项和振动曲线平滑。以某几个测点为例说明信号预处理过程。图 6-1 (a) 给出了第一批测试过程中通道 1-2（测点 C2）的加速度原始信号，横轴为时间（单位为 s），纵轴为加速度（单位为 mm/s²），从图 6-1 (a) 可以看出振动曲线带有很多毛刺。设置

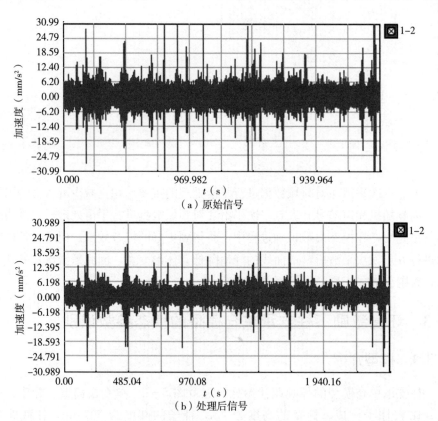

（a）原始信号

（b）处理后信号

图 6-1　第一批测试中通道 1-2（测点 C2）的加速度信号

数字滤波的上限频率 f_u 和下限频率 f_d 对采样数据进行带通滤波；采用最小二乘法消除采样数据的多项式趋势项；采用五点三次平滑法对振动曲线进行平滑处理和消除不规则趋势项。处理后的振动曲线为图 6-1（b），保留了所感兴趣范围内的频率信号，消除了多项式趋势项和不规则趋势项，比原始振动曲线光滑，但是幅值随平滑次数 m 的增大而减小，因此需要根据实际情况，设置合适的平滑次数。图 6-2（a）给出了第一批测试过程中通道 1-3（测点 C3）的加速度原始信号，可以直观地看出测点 C3 的原始振动曲线具有一定的趋势项且带有很多毛刺，对采样数据进行带通滤波，采用最小二乘法消除振动曲线的多项式趋势项和五点三次平滑法提高振动曲线的光滑度并消除不规则趋势项。处理后的加速度信号如图 6-2（b）所示，可以看出经过处理后的加速度信号不再含有趋势项，而且曲线更加光滑。

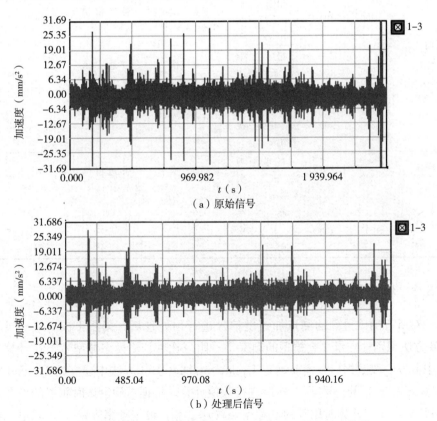

（a）原始信号

（b）处理后信号

图 6-2　第一批测试中通道 1-3（测点 C3）的加速度信号

对采集得到的所有测点的加速度信号都需要进行上述预处理后，再进行结构的模态参数识别。表 6-1 列出了各批次的采样频率、截止频率、消除趋势项方法、振动曲线平滑方式、数字滤波方式、数字滤波的下限频率和上限频率的设定值。

表 6-1 柱支承单仓模型采样参数设定及采样数据预处理

批次	采样频率	截止频率	消除趋势项方法	平滑方法平滑次数 m	数字滤波方式	数字滤波下限频率 f_u	数字滤波上限频率 f_d
R 向 1	200	100	最小二乘法、五点三次平滑法	五点三次平滑 $m=3$	带通窗函数法	5	45
2	200	100	最小二乘法、五点三次平滑法	五点三次平滑 $m=3$	带通窗函数法	5	45
3	200	100	最小二乘法、五点三次平滑法	五点三次平滑 $m=3$	带通窗函数法	5	45
4	200	100	最小二乘法、五点三次平滑法	五点三次平滑 $m=3$	带通窗函数法	5	45
θ 向 1	200	100	最小二乘法、五点三次平滑法	五点三次平滑 $m=3$	带通窗函数法	5	45
2	200	100	最小二乘法、五点三次平滑法	五点三次平滑 $m=3$	带通窗函数法	5	45

6.3.3 频率和阻尼比识别

对所有测试得到的测点加速度信号进行预处理后，采用 Updated-DD-SSI 方法识别柱支承单仓模型的频率 f、阻尼比 ξ、复模态振型 ψ。在计算过程中截取一段数据后，需要确定 Updated-DD-SSI 方法中建立的 Hankel 矩阵（3-35 式）的行数 $2i$，然后进行数值计算。根据试验测试时布置的参考点数目 r_E，设定计算时用到的参考点个数 $r \leqslant r_E$，设定频率容差 e_w、阻尼比容差 e_ξ、模态置信因子 MAC，作出稳定图，用以确定系统的阶数 N。于是可以计算出对应 N 值的系统的频率 f、阻尼比 ξ、复模态振型 ψ。表 6-2 中将所有批次数据计算时设定的 i 值、参考点个数 r、频率容差 e_w、阻尼比容差 e_ξ、模态置信因子 MAC、经过稳定图分析得到的 N 值列出。

表 6-2　柱支承单仓模型数值计算主要参数的设定

测试方向/批次	R 向				θ 向	
	第一批	第二批	第三批	第四批	第一批	第二批
i	52	44	58	46	42	40
r	1	1	1	1	1	1
N	14	18	38	28	16	16
e_w (<%)	2	2	2	2	2	2
e_ξ (<%)	5	5	10	5	5	5
MAC (>%)	90	90	90	90	90	90

图 6-3（a）～图 6-3（d）分别给出了柱支承单仓模型 R 向第一批、第二批、第三批和第四批计算得到的稳定图，图 6-4（a）和图 6-4（b）分别给出了柱支承单仓模型 θ 向第一批和第二批计算得到的稳定图。稳定图中符号"·f"代表频率稳定，"·fv"代表频率和振型稳定，"·fz"代表频率和阻尼比稳定，"＊"代表稳定极点。本书中所有的稳定图中符号的含义都是如此，不再做说明。

观测图 6-3、图 6-4柱支承单仓模型的 R 向各批次和 θ 向各批次的数据稳定图，有一个共同的现象，低阶模态稳定极点在系统阶数 N 较小（<10）的时候就出现了，而模态阶数较高时，稳定极点出现的也较晚。在计算中还发现，当设定的 i 值较小时，高阶模态在稳定图中很难出现，因此要经过多次运算找到合适的 i 值。

图 6-3、图 6-4稳定图中的曲线代表一批次所有测点的自功率谱叠加曲线，图 6-3（a）、图 6-3（d）和图 6-4（a）中，自功率谱叠加曲线的峰值较明显，而且与各阶模态对应的"稳定极值线"相吻合。而图 6-3（b）、图 6-3（c）和图 6-4（b）中，在高阶频率处仍有较明显的"稳定极值线"，而自功率谱叠加曲线的峰值只在低阶模态时明显，在高阶模态时几乎不显现，说明此时高阶模态的能量微弱，没有形成明显的峰值。这种情况下用峰值拾取法将无法识别到结构的高阶模态，而 Updated-DD-SSI 方法仍然可以得到较好的稳定"竖直线"，从而可以识别出高阶模态。

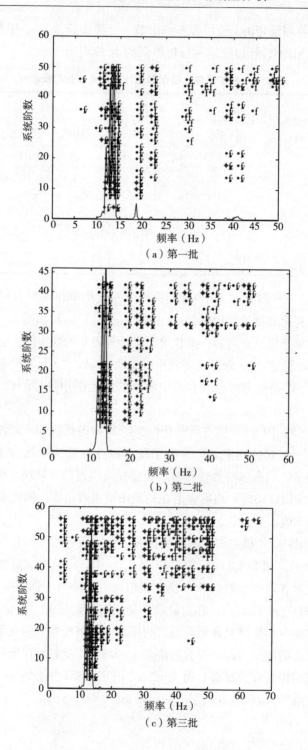

（a）第一批

（b）第二批

（c）第三批

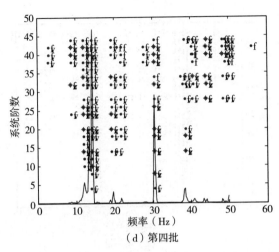

（d）第四批

图 6-3　柱支承单仓模型 R 向各批次数据稳定图

表 6-3　Updated-DD-SSI 方法和峰值拾取法计算的柱支承单仓模型的频率和阻尼比

模态阶数	Updated-DD-SSI 方法		峰值拾取法	
	频率（Hz）	阻尼比（%）	频率（Hz）	阻尼比（%）
1	11.98	2.67	11.93	1.57
	13.85	0.54	13.69	1.72
2	18.82	0.70	18.77	1.02
	21.70	0.89	21.7	0.6
3	30.69	0.03	29.72	0.44
4	38.41	0.51	38.71	1.01
	40.75	0.44	40.86	1.31

　　表 6-3 列出了通过 Updated-DD-SSI 方法计算得到的各批次柱支承单仓模型的频率和阻尼比，并将利用传统的峰值拾取法计算得到的频率和阻尼比列于表中，以做对比。从 Updated-DD-SSI 方法和峰值拾取法识别出的柱支承单仓模型的频率来看，两种方法识别出的频率值都非常接近，这进一步验证了利用 Updated-DD-SSI 方法识别立筒仓单仓结构的模态参数的可行性。两种方法识别出的阻尼比存在一定的误差，在此实例分析中，Updated-DD-SSI 方法识别出的阻尼比多数小于峰值拾取法识别出的阻尼比。

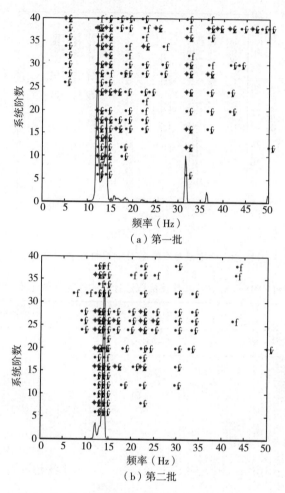

（a）第一批

（b）第二批

图 6 - 4　柱支承单仓模型 θ 向各批次数据稳定图

6.3.4　模态振型识别

6.3.3 节中利用 Updated - DD - SSI 方法识别出系统的频率、阻尼比，并与峰值拾取法的识别结果进行了对比分析。这一节中利用 Updated - DD - SSI 方法识别柱支承单仓模型的振型结果，分三个步骤：①识别结构的特征值和复模态振型；②利用特征值和复模态振型向量构建特征方程组；③提取实模态振型向量。详细的计算过程参见本书中第三章内容。

图 6 - 5 给出了利用 Updated - DD - SSI 方法识别得到的柱支承单仓模型

的振型识别结果，为了更清楚的观测单仓的振型，图中一阶、二阶、四阶振型都是用四视图表示的。根据测点布置方案，识别得到了柱支承单仓模型的四阶模态。由于单仓为中心对称结构，其一阶模态表现为沿任意方向的弯曲，图 6-5（a）给出的是对应于表 6-3 中一阶模态中的第一个频率 $f=11.98$Hz 的振型，表 6-3 中一阶模态中的第二个频率 $f=13.85$Hz 对应的振型是沿与图 6-5（a）振型方向垂直的另一方向的弯曲；其二阶模态表现为筒壁的翘曲，振型的平面形状近似为椭圆形，图 6-5（b）给出的是对应于表 6-3 中二阶模态中的第二个频率 $f=21.70$Hz 的振型，表 6-3 中二阶模态中的第一个频率 $f=18.82$Hz 对应的振型是沿与图 6-5（b）振型方向垂直的另一方向的筒壁翘曲，振型的平面形状相同；其三阶模态表现为单仓的扭转，主要是柱子的扭转，靠近仓顶部分基本没有变化，图 6-5（c）给出的是对应于表 6-3 中三阶模态频率 $f=30.69$Hz 的振型；其四阶模态仍然表现为筒壁的翘曲，振型的平面形状近似为"三角形"，图 6-5（d）给出了对应于表 6-3 中四阶模态频率 $f=38.41$Hz 的振型，表 6-3 中四阶模态的第二个频率 $f=40.75$Hz 对应的振型是沿与图 6-5（d）振型方向垂直的另一方向的筒壁翘曲，振型的平面形状相同。

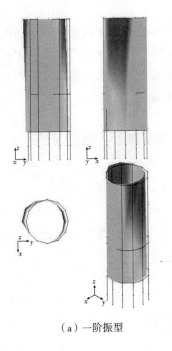

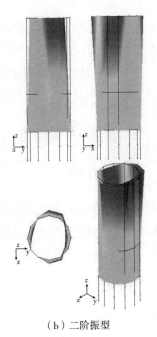

（a）一阶振型　　　　　　　　　　　（b）二阶振型

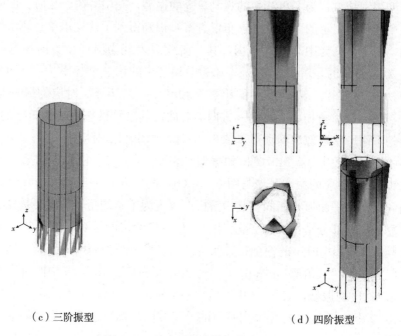

（c）三阶振型   （d）四阶振型

图 6-5　柱支承单仓模型模态振型

对比图 6-5 中利用编制的模态参数识别程序识别出的柱支承单仓模型的四阶振型与 4.3.1 节中图 4-2 有限元模态分析得到的振型，发现两种方法得到的柱支承单仓模型的振型相吻合，验证了利用改进的数据驱动随机子空间方法识别立筒仓单仓模型模态振型的可行性和准确性。

6.4　环境激励下筒壁支承单仓模型的模态参数识别

6.4.1　模型介绍

筒壁支承单仓模型的外观照片参见第五章图 5-3。单仓由筒壁、漏斗、环梁构成，环梁以上筒壁的高度为 1.69m，环梁以下筒壁的高度为 500mm，仓壁厚度为 14mm。单仓内没有任何贮料，为空仓。

6.4.2　信号预处理

在 5.3.2 节中给出了筒壁支承单仓模型的测试方案，按照表 5-5 对所有测点分三批进行环境激励测试，所有传感器的测试方向都为 R 向。各批次的

采样频率 f_s 均为 $200\mathrm{Hz}$，上限频率 f_{uu} 设定为 $100\mathrm{Hz}$，分析频率 f_a 与采样频率 f_s 之间的关系为 $f_s = 2.56f_a$，采集得到各测点的加速度信号。在进行结构的模态参数识别之前，需要首先对测得的加速度信号进行预处理，包括 6.2 节中的数字滤波、消除多项式趋势项和不规则趋势项、振动曲线平滑。图 6-6a、6-6b 分别是第三批测试中通道 2-1（测点 C67）的加速度原始信号和处理后信号。

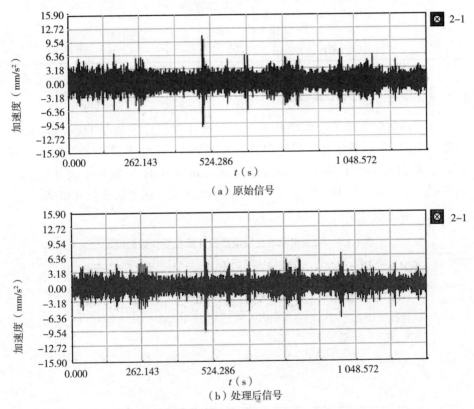

（a）原始信号

（b）处理后信号

图 6-6　第三批测试中通道 2-1（测点 C67）的加速度信号

　　在进行结构的模态参数识别之前，对采集得到的所有测点的加速度信号进行数字滤波、消除多项式和不规则趋势项、振动曲线平滑等处理。表 6-4 列出了筒壁支承单仓模型各批次的采样频率、截止频率、消除趋势项方法、振动曲线平滑方式和平滑次数、数字滤波方式、数字滤波的下限频率和上限频率的设定值。

表6-4 筒壁支承单仓模型采样参数设定及采样数据预处理

批次	采样频率	截止频率	消除趋势项方法	平滑方法 平滑次数 m	数字滤波方式	数字滤波下限频率 f_u	数字滤波上限频率 f_d
1	200	100	最小二乘法、五点三次平滑法	五点三次平滑m=2	带通窗函数法	5	78
2	200	100	最小二乘法、五点三次平滑法	五点三次平滑m=2	带通窗函数法	5	78
3	200	100	最小二乘法、五点三次平滑法	五点三次平滑m=2	带通窗函数法	5	78

6.4.3 频率和阻尼比识别

分别将筒壁支承单仓模型的三批次数据计算时设定的与 Hankel 矩阵的行数相关的 i 值、设定计算时选用的参考点个数 r、频率容差 e_w、阻尼比容差 e_ξ、模态置信因子 MAC、经过稳定图分析得到的 N 值列于表 6-5 中。图 6-7（a）、6-7（b）和 6-7（c）分别给出了筒壁支承单仓模型第一批、第二批、第三批计算得到的稳定图。

表6-5 筒壁支承单仓模型数值计算主要参数的设定

采样批次	第一批	第二批	第三批
i	22	22	24
r	2	2	2
N	26	34	26
e_w (<%)	2	2	2
e_ξ (<%)	10	10	10
MAC (>%)	90	90	90

筒壁支承单仓模型的环境激励试验时，布置的参考点个数为 2 个，用 Updated-DD-SSI 方法识别单仓的模态参数时，可以选用一个参考点计算，也可以选用两个参考点计算。这里在每批次的数据计算时均选用了 2 个参考点，这样与 Hankel 矩阵的行数 $2i$ 相关的 i 值可以取较小的值就能达到选用 1 个参考点时取较大的 i 值才能达到的效果。

表 6-6 列出了通过 Updated-DD-SSI 方法计算得到的各批次筒壁支承单仓模型的频率和阻尼比，并将利用传统的峰值拾取法计算得到的频率和阻尼

比列于表中，以作对比。Updated-DD-SSI方法识别出的前三阶频率值与峰值拾取法识别出的频率吻合良好，尤其是第一阶模态频率相等，第二阶模态频率非常接近，第三阶模态频率差值略大。利用环境激励测试得到的试验数据，峰值拾取法只识别出了单仓的前三阶模态，而Updated-DD-SSI方法可以识别到单仓的第四阶模态。从两种方法识别得到的单仓前三阶模态的阻尼比来看，Updated-DD-SSI方法计算出的阻尼比均小于峰值拾取法计算出的阻尼比。在此实例分析中，一方面验证了Updated-DD-SSI方法识别筒壁支承单仓这类刚度较大结构的模态参数的准确性；另一方面发现提出的时域识别方法Updated-DD-SSI方法比频域中的峰值拾取法能识别得到更高阶的模态。筒壁支承单仓模型各批次数据稳定图见图6-7。

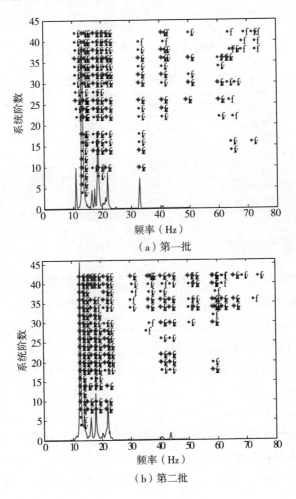

（a）第一批

（b）第二批

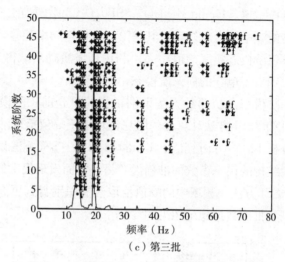

（c）第三批

图 6 - 7　筒壁支承单仓模型各批次数据稳定图

表 6 - 6　Updated - DD - SSI 方法和峰值拾取法计算的筒壁支承单仓模型的频率和阻尼比

模态阶数	Updated - DD - SSI 方法		峰值拾取法	
	频率（Hz）	阻尼比（%）	频率（Hz）	阻尼比（%）
1	13.09	1.57	13.09	2.39
2	18.65	0.47	18.47	3.96
3	42.69	0.61	40.55	0.75
4	58.16	0.70	——	——

6.4.4　模态振型识别

6.4.3 节中利用 Updated - DD - SSI 方法识别出筒壁支承单仓模型的频率、阻尼比，并与峰值拾取法的识别结果进行了对比分析。这一节中给出筒壁支承单仓模型的振型识别结果，仍然分三个步骤：①识别出结构的特征值和复模态振型；②利用特征值和复模态振型向量构建特征方程组；③提取实模态振型向量。详细的计算过程参见第三章 Updated - DD - SSI 模态参数识别方法的计算原理与识别过程。

图 6 - 8（a）、6 - 8（b）、6 - 8（c）和 6 - 8（d）四副图分别给出了利用改进的数据驱动随机子空间方法识别得到的筒壁支承单仓模型的四阶振型识别结果，为了更清楚的观测单仓的振型，图中各阶振型都是用四视图表示的。筒壁支承单仓模型的一阶振型为沿任意方向的弯曲，图 6 - 8（a）给出了对应于表

6-6中的一阶模态频率 $f=13.09\mathrm{Hz}$ 的振型；其二阶模态为筒壁的翘曲，振型的平面形状近似为椭圆形，图6-8（b）给出了对应于表6-6中的二阶模态频率 $f=18.65\mathrm{Hz}$ 的振型；其三阶模态仍为单仓筒壁的翘曲，振型的平面形状近似为"三角形"，图6-8（c）给出了对应于表6-6中的三阶模态频率 $f=42.69\mathrm{Hz}$ 的振型；其四阶模态亦为单仓筒壁的翘曲，振型的平面形状近似为"四角形"，图6-8（d）给出了对应于表6-6中四阶模态频率 $f=58.16\mathrm{Hz}$ 的振型。

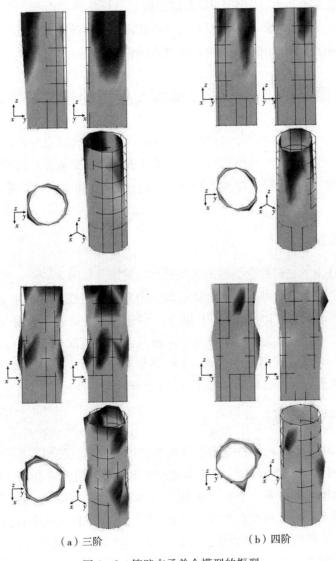

（a）三阶　　　　　　　（b）四阶

图6-8　筒壁支承单仓模型的振型

筒壁支承单仓模型的一阶振型反映了结构的整体模态，类似于一悬臂梁的一阶弯曲。而其他阶模态主要是仓壁局部的模态，二阶振型幅值相对较大的部位在仓壁的中上部，三阶、四阶振型幅值相对较大的部位在仓壁顶部和环梁上部附近。筒壁支承单仓模型前几阶模态中不存在柱支承单仓模型所有的扭转模态，是因为筒壁支承较柱支承更为牢固、刚度大。

对比图 6-8 中利用编制的模态参数识别程序识别出的筒壁支承单仓模型的四阶振型与 4.3.2 节中图 4-4 有限元模态分析得到的振型，发现两种方法得到的筒壁支承单仓模型的振型相吻合，验证了利用改进的数据驱动随机子空间方法识别筒壁支承单仓的实模态振型的可行性和准确性。

6.5　环境激励下柱支承立筒群仓模型的模态参数识别

前面 6.3 节和 6.4 节是对两种支承方式（柱支承和筒壁支承）的单仓模型进行的模态参数辨识。从识别得到的振型发现，由于支承方式的不同，单仓的模态也不同。这一节将对环境激励下 2×3 柱支承立筒群仓模型进行模态参数辨识。

6.5.1　模型介绍

2×3 柱支承立筒群仓模型的外观照片参见第五章图 5-2。6 个单仓排成 2 行 3 列，仓与仓相外切，所有仓浇筑成一个整体。组成群仓的每个单仓有 12 个柱子支承，每个单仓有一个锥形漏斗，在仓与仓连接处柱子连成一个整体，群仓仓顶为一钢板顶盖，用来模拟仓上建筑。柱子高度为 500mm，柱截面为 50mm×50mm，筒壁高度为 2m，仓壁厚度为 14mm，每个单仓的外半径为 389mm，柱子与仓壁连接处设有环梁。6 个仓均为空仓。

6.5.2　信号预处理

在 5.3.3 节中给出了柱支承群仓模型的测试方案，按照表 5-6 对所有测点分四批进行环境激励测试。其中弯曲模态第一批、扭转模态第一批是独立的不参与其他模态的计算，仓壁翘曲模态分两批进行，两批之间用参考点 F13 和 F49 相联系。每批测试都进行了多次采样，各次采样时的采样频率 f_s、上限频率 f_{uu} 有所不同，分析频率 f_a 与采样频率 f_s 之间的关系为 $f_s = 2.56 f_a$，采集得到各测点的加速度信号。表 6-7 中列出了每批测试过程中每次采样设定的主要参数。

表 6-7　每批测试每次采样主要参数的设定

单位：Hz

批次	采样次数											
	1		2		3		4		5		6	
	f_s	f_{lsl}	f_s	f_{lsl}	f_s	f_{lsl}	f_s	f_{lsl}	f_s	f_{lsl}	f_s	f_{lsl}
弯曲模态第一批	100	30	100	100	100	30	200	100	200	30	—	—
扭转模态第一批	200	30	200	100	100	100	200	30	—	—	—	—
仓壁翘曲第一批	100	100	200	100	200	30	100	30	200	30	200	100
仓壁翘曲第二批	200	100	200	30	100	30	100	30	200	100	100	100

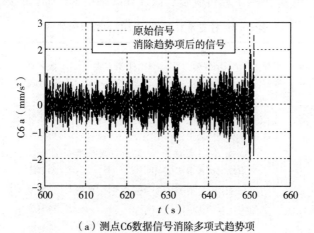

（a）测点C6数据信号消除多项式趋势项

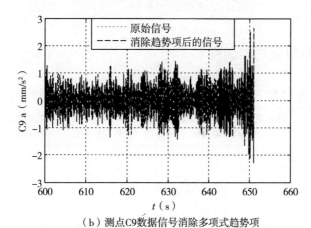

（b）测点C9数据信号消除多项式趋势项

图 6-9　测点 C6、C9 振动信号消除多项式趋势项

　　在进行柱支承群仓模型的模态参数识别之前，需要从每批测试中选择曲线较好的一次或几次的采样数据进行分析，并对选出的加速度曲线进行预处理。进行自功率谱分析，确定每次采样结构的大致频率范围，通过数字滤波滤除不感兴趣的频率；利用6.2节消除多项式趋势项和不规则趋势项、振动曲线平滑的方法去除高频干扰信号和平滑曲线。图6-9（a）、（b）给出了第一批测试中第四次采样的测点C6和C9某一时段的加速度曲线。图中"点线"代表原始信号，"黑色点划线"代表消除趋势项后的处理信号。将这两个测点的原始信号和处理后信号绘制到一幅图中，可以很明显地观测出，所测试的原始信号较好。其他测点的信号同样需要进行预处理后，再进行柱支承群仓模型的模态参数辨识。表6-8列出了进行模态参数计算的某些采样批次的数据处理情况。

表6-8　柱支承立筒群仓模型的数据预处理

批次	采样次数	采样频率	消除趋势项方式	平滑方式平滑次数 m	数字滤波方式	数字滤波下限频率（Hz）	数字滤波上限频率（Hz）
弯曲模态第一批	4	200	最小二乘法、五点三次平滑法	五点三次平滑 $m=2$	带通窗函数法	5	75
扭转模态第一批	2	200	最小二乘法、五点三次平滑法	五点三次平滑 $m=2$	带通窗函数法	5	75
仓壁翘曲模态第一批	2	200	最小二乘法、五点三次平滑法	五点三次平滑 $m=2$	带通窗函数法	5	75
仓壁翘曲模态第二批	1	200	最小二乘法、五点三次平滑法	五点三次平滑 $m=2$	带通窗函数法	5	75

6.5.3　频率和阻尼比识别

表6-9　柱支承立筒群仓模型模态参数辨识主要参数的设定

采样批次	弯曲模态第一批（Y向）	弯曲模态第一批（X向）	扭转模态第一批	仓壁翘曲模态第一批	仓壁翘曲模态第二批
i	30	30	40	24	40
r	1	1	1	1	1
N	12	6	28	18	30
e_w ($<\%$)	2	2	2	2	2
e_ξ ($<\%$)	10	10	10	10	10
MAC ($>\%$)	90	90	90	90	90

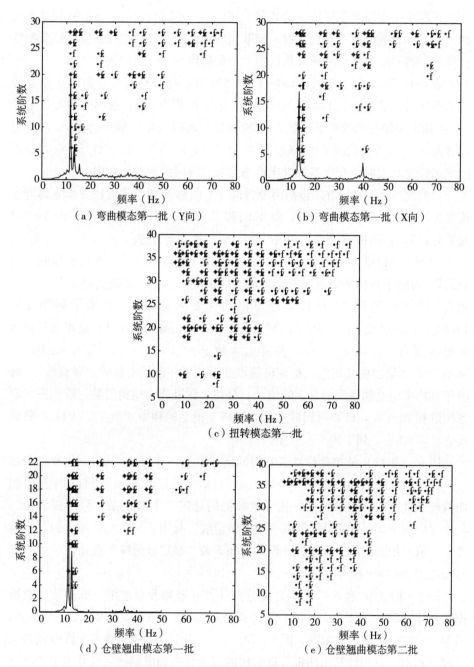

（a）弯曲模态第一批（Y向）　　　（b）弯曲模态第一批（X向）

（c）扭转模态第一批

（d）仓壁翘曲模态第一批　　　（e）仓壁翘曲模态第二批

图 6-10　柱支承立筒群仓模型各批次数据稳定图

由 5.3.3 节中柱支承立筒群仓模型的环境激励测试方案，测试分四批进行，获取结构弯曲模态的第一批数据、获取结构扭转模态的第一批数据是各自独立的，单独进行模态参数辨识；获取仓壁翘曲的两批数据分别进行模态参数计算后，再利用参考点将两批数据归一，最后得到归一后的振型。

表 6-9 列出了利用 Updated-DD-SSI 方法计算柱支承立筒群仓模型的模态参数时，设定的与 Hankel 矩阵的行数 $2i$ 相关的 i 值，选用的参考点个数 r，由稳定图确定出的系统阶数 N，绘制稳定图时设定的频率容差 e_w、阻尼比容差 e_ξ、模态置信因子 MAC。图 6-10（a）、（b）、（c）、（d）和（e）分别给出了柱支承立筒群仓模型每批次模态参数计算时绘制的稳定图。

弯曲模态第一批的数据包括两个方向：Y 向和 X 向，在对柱支承立筒群仓模型进行弯曲模态参数辨识时，将 Y 向和 X 向的数据分开计算。图 6-10（a）是单独计算 Y 向所有测点，并取 $i=30$，参考点个数 $r=1$，$e_w<2\%$、$e_\xi<10\%$，MAC>90% 做出的稳定图，稳定极值点形成了一条最明显的"竖直线"，对应于自功率谱叠加曲线的最大峰值处，显然，此处为结构的某一阶模态，取系统阶数 $N=12$，计算得到柱支承立筒群仓模型的频率 $f=11.83$Hz，阻尼比 $\xi=2.81\%$，列于表 6-10 中。图 6-10（b）是单独计算 X 向所有测点，并取 $i=30$，参考点个数 $r=1$，$e_w<2\%$、$e_\xi<10\%$，MAC>90% 做出的稳定图，稳定极值点亦形成了一条最明显的"竖直线"，对应于自功率谱叠加曲线的最大峰值处，显然，此处亦为结构的某一阶模态。取系统阶数 $N=6$，计算得到柱支承立筒群仓模型的频率 $f=13.24$ Hz，阻尼比 $\xi=3.92\%$，列于表 6-10 中。

图 6-10（c）是单独计算 θ 方向的所有测点，并取 $i=40$，参考点个数 $r=1$，$e_w<2\%$、$e_\xi<10\%$，MAC>90% 做出的稳定图，由于自功率谱叠加曲线较杂乱没有在图中画出。这一批数据的稳定图中有 6 条"稳定极值线"，其中对应频率 $f=11.83$Hz 处的"稳定极值线"与图 6-10（a）相一致，不再考虑。取系统阶数 $N=28$，计算出另外 5 条"稳定极值线"在此处的频率和阻尼比列于表 6-10 中。

图 6-10（d）和 6-10（e）是分别计算仓壁翘曲模态第一批和第二批数据，并分别取 $i=24$ 和 $i=40$，参考点个数均为 $r=1$，$e_w<2\%$、$e_\xi<10\%$，MAC>90% 做出的稳定图，图 6-10（e）中由于自功率谱叠加曲线峰值较杂乱没有画出。分别计算出两批数据对应的高阶频率和阻尼比后求算术平均并列于表 6-10 中，两批数据计算出的对应振型向量基于参考点归一。

表 6-10 中列出了 Updated-DD-SSI 方法识别出的各阶频率和阻尼比，

表中频率按由小到大排列。峰值拾取法识别的前三阶模态亦列于表中，以作对比。

分析 Updated-DD-SSI 方法和峰值拾取法识别出的柱支承群仓模型的前三阶模态，第一阶模态频率相同，第二阶模态频率值相差 0.04，第三阶模态频率差值略大。这三节模态阻尼比，Updated-DD-SSI 方法识别结果比峰值拾取法识别结果大。

利用柱支承群仓模型上布置的获取扭转模态的所有测点，由 Updated-DD-SSI 方法识别出了五阶与扭转相关的模态，对应表 6-10 中的 3 阶、4 阶、5 阶、7 阶、8 阶，在 6.5.4 节中对这五阶频率对应的扭转振型进行详细分析。

利用柱支承群仓模型上布置的获取仓壁翘曲模态的所有测点，由 Updated-DD-SSI 方法识别出了两阶与仓壁翘曲相关的模态，对应表 6-10 中的 6 阶、9 阶，在 6.5.4 节中对这两阶频率对应的扭转振型进行详细分析。

表 6-10　Updated-DD-SSI 方法和峰值拾取法计算的柱支承群仓模型的频率和阻尼比

模态阶数	Updated-DD-SSI 方法		峰值拾取法	
	频率（Hz）	阻尼比（%）	频率（Hz）	阻尼比（%）
1	11.83	2.81	11.83	1.12
2	13.24	3.92	13.20	0.85
3	17.14	7.77	15.44	0.73
4	22.74	5.47	—	—
5	29.40	5.26	—	—
6	32.44	1.80	—	—
7	34.93	2.55	—	—
8	39.69	3.62	—	—
9	43.24	4.20	—	—

6.5.4　模态振型识别

6.5.3 节中利用 Updated-DD-SSI 方法识别出了柱支承立筒群仓的 9 阶模态频率和阻尼比。在这一节中利用 Updated-DD-SSI 方法识别结构的实模态振型，并作出振型图。

图 6-11 为柱支承立筒群仓模型的一阶振型，由三视图表示，可以看出结

构的一阶振型为沿群仓短轴方向的弯曲，对应于4.3.3节中图4-6（a）有限元模态分析振型。但是各测点处的幅值并不像4.3.3节中有限元计算的模态振型一样非常规则，而是各测点处的幅值有所不同，主要原因是群仓经过振动台地震模拟实验，各个仓各个位置的破坏情况是不一样的。

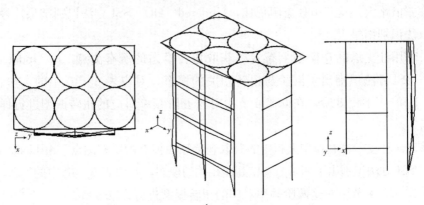

图6-11　柱支承立筒群仓模型的一阶振型

图6-12为柱支承立筒群仓模型的二阶振型，由三视图表示，可以看出结构的二阶振型为沿群仓长轴方向的弯曲，对应于4.3.3节中图4-6（b）有限元模态分析振型。各测点处的幅值亦不同，从图中可以发现靠近群仓顶部的第二层的测点幅值相对其他测点要小，产生这种现象的主要原因是群仓经过振动台地震模拟实验后，上部的破坏较大，柱子与环梁连接处附近破坏亦较大，因此这些部位的振型幅值亦较大。

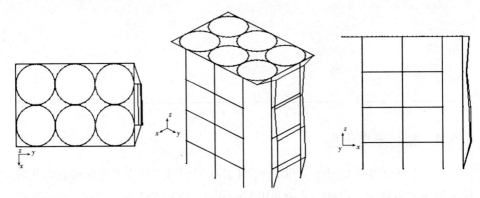

图6-12　柱支承立筒群仓模型的二阶振型

图6-13为柱支承立筒群仓模型的三阶振型，可以看出，每个测点都向着

同一方向扭转，而且下部的测点扭转幅度较上部要明显，主要原因有：①群仓的支承方式为柱子，支承体系柔度较大，靠近支承处变形较其他部位大；②群仓经过振动台地震模拟实验时，柱子的破坏较大，柱子与仓壁相连接的环梁处的破坏亦较大，因此靠近环梁处的测点变形较大。柱支承立筒群仓的三阶振型与4.3.3节中图4-6（c）有限元模态分析振型相吻合。

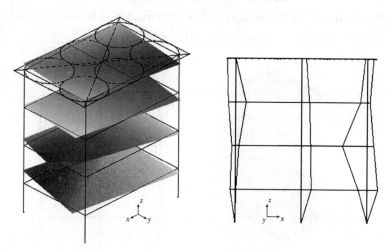

图6-13　柱支承立筒群仓模型的三阶振型

图6-14、图6-15、图6-17、图6-18分别为柱支承立筒群仓模型的四阶、五阶、七阶、八阶振型，这四阶振型与图6-13群仓的三阶振型相比，不

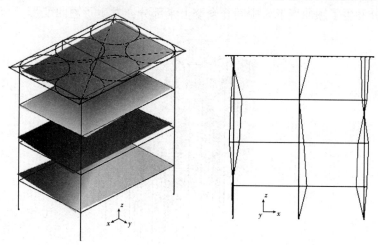

图6-14　柱支承立筒群仓模型的四阶振型

同之处在于，每层测点的扭转方向不一致。图 6-14 中上面两层测点逆时针扭转，下面两层测点顺时针扭转；图 6-15 中从上往下第三层测点顺时针扭转，其他三层测点逆时针扭转；图 6-17 中从上往下第二层测点逆时针扭转，其他三层测点顺时针扭转；图 6-18 中从最下一层测点逆时针扭转，其他三层测点顺时针扭转。在 4.3.3 节柱支承立筒群仓模型的有限元模态分析中，虽然每阶振型中都伴随有柱子的弯曲或扭转，但是并没有直接计算出这几种扭转模态，因此还需要进一步研究这几种扭转模态对群仓的贡献。

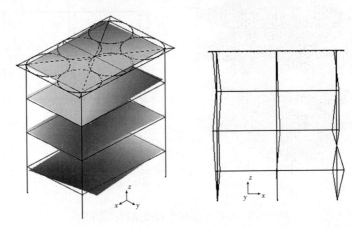

图 6-15　柱支承立筒群仓模型的五阶振型

图 6-16 为柱支承立筒群仓模型的六阶振型，可以看出此阶振型角仓仓壁上半部分发生了翘曲变形，中间仓仓壁上半部分亦发生了翘曲变形。与 4.3.3

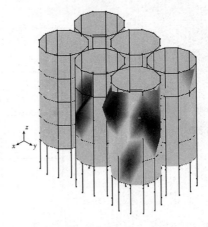

图 6-16　柱支承立筒群仓模型的六阶振型

节中图 4-7（a）有限元模态分析振型较吻合。

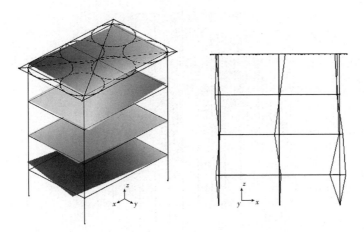

图 6-17 柱支承立筒群仓模型的七阶振型

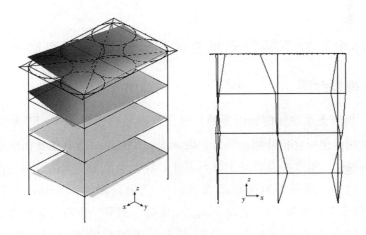

图 6-18 柱支承立筒群仓模型的八阶振型

图 6-19 为柱支承立筒群仓模型的九阶振型，两个角仓均发生有翘曲变形，其中一个角仓翘曲明显，另一个角仓只在顶部很小范围内发生了翘曲。与 4.3.3 节中图 4-7（b）有限元模态分析振型较吻合。

通过上述分析，并与 6.3、6.4 节中柱支承单仓模型和筒壁支承单仓模型相比较，发现柱支承立筒群仓模型的模态与单仓的模态完全不同，单仓的模态主要表现为仓壁的翘曲。而群仓的模态前三阶都表现为群仓整体的变化，其高阶模态才表现出仓壁的翘曲变形，而且角仓的翘曲变形较大。

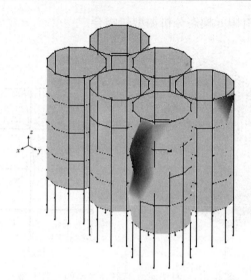

图 6-19　柱支承立筒群仓模型的九阶振型

6.6　环境激励下筒壁支承立筒群仓模型的模态参数识别

6.6.1　模型介绍

　　2×3筒壁支承立筒群仓模型的外观照片参见第五章图 5-3。6 个单仓排成 2 行 3 列，仓与仓相外切，所有仓浇筑成一个整体。所有单仓筒壁落地，为筒壁支承群仓，每个单仓有一个锥形漏斗，群仓仓顶为一钢化玻璃顶盖，用来模拟仓上建筑。环梁距地面高度为 0.5m，筒壁高度为 1.69m，仓壁厚度为 14mm，每个单仓的外半径为 389mm。组成群仓的 6 个仓中有 5 个为空仓，另有 1 个内装有沙子，参见图 5-12，装有沙子的仓的平面图的圆心坐标为 $(x,y)=(1\,167,389)$。

6.6.2　信号预处理

　　筒壁支承立筒群仓模型的所有测点分五批进行环境激励测试，五批数据通过四个共用参考点 C6、C14、C101、C102 相联系。每批测试中都进行了多次采样，各次采样时的采样频率 f_s、上限频率 f_{tai} 有所不同，分析频率 f_a 与采样频率 f_s 之间的关系为 $f_s=2.56f_a$，采集得到各测点的加速度信号。表 6-11 中列出了每批测试过程中每次采样设定的主要参数。

第六章　立筒仓模态参数识别

表 6-11　每批测试每次采样主要参数的设定

单位：Hz

批次	采样次数											
	1		2		3		4		5		6	
	f_s	f_{lu}	f_s	f_{lu}	f_s	f_{lu}	f_s	f_{lu}	f_s	f_{lu}	f_s	f_{lu}
第一批	200	100	200	30	200	30	200	100	200	100	200	100
第二批	200	100	200	100	200	30	200	30	200	30	200	30
第三批	200	100	200	100	500	100	—		—		—	
第四批	500	100	500	100	200	100	—		—		—	
第五批	200	100	200	30	100	100	500	100	—		—	

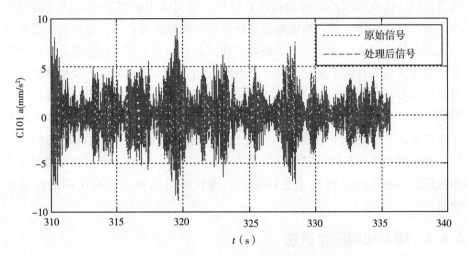

图 6-20　第五批测试中参考点 C101 的加速度信号

表 6-12　筒壁支承立筒群仓模型的数据预处理

批次	采样次数	采样频率	消除趋势项方式	平滑方式 平滑次数 m	数字滤波方式	数字滤波下限频率（Hz）	数字滤波上限频率（Hz）
第一批	5	200	最小二乘法、五点三次平滑法	五点三次平滑 $m=2$	带通窗函数法	5	75
第二批	2	200	最小二乘法、五点三次平滑法	五点三次平滑 $m=2$	带通窗函数法	5	75
第三批	2	200	最小二乘法、五点三次平滑法	五点三次平滑 $m=2$	带通窗函数法	5	75

（续）

批次	采样次数	采样频率	消除趋势项方式	平滑方式平滑次数 m	数字滤波方式	数字滤波下限频率（Hz）	数字滤波上限频率（Hz）
第四批	3	200	最小二乘法、五点三次平滑法	五点三次平滑 $m=2$	带通窗函数法	5	75
第五批	1	200	最小二乘法、五点三次平滑法	五点三次平滑 $m=2$	带通窗函数法	5	75

在进行筒壁支承群仓模型的模态参数识别之前，需要从每批测试中选择曲线较好的一次或几次的采样数据进行分析，并对选出的加速度曲线进行预处理。进行自功率谱分析，确定每次采样结构的大致频率范围，通过数字滤波滤除不感兴趣的频率；利用 6.2 节消除多项式趋势项和不规则趋势项、振动曲线平滑的方法去除高频干扰信号和平滑曲线。图 6-20 给出了第五批测试中第一次采样的参考点 C101 某一时段的加速度曲线。图中"点线"代表原始信号，"绿色虚线"代表消除趋势项并进行五点三次平滑后的处理信号。将原始信号和处理后信号绘制到一幅图中，可以很明显地观测出，所测试的原始信号较好。其他测点的信号同样需要进行预处理后，再进行筒壁支承群仓模型的模态参数辨识。表 6-12 列出了进行模态参数计算时某些采样批次的数据处理情况。

6.6.3 频率和阻尼比识别

对筒壁支承立筒群仓模型的五批测试数据按如下步骤进行模态参数计算：

（1）第一批所有测点处传感器的方向为群仓的 Y 方向（短轴方向，图 5-12），这一批单独分析作出振型图；

（2）第二批所有测点处传感器的方向为群仓的 X 方向（长轴方向，图 5-12），这一批单独分析作出振型图；

（3）第二批中对称单仓上测点连线经过群仓中心的数据进行分析（图 5-12 的 C5 所在列测点和 C21 所在列测点），第三批传感器方向为群仓的 θ 方向（图 5-12）的测点数据并进行分析，这两批数据分析完成后，频率和阻尼比求其算术平均值，两批测点的振型向量基于参考点归一后作出振型图；

（4）第一批测试组成群仓的单仓的 R 方向（图 5-12）的测点数据并进行分析，第二批测试组成群仓的单仓的 R 方向（图 5-12）的测点数据并进行分析，第三批测试组成群仓的单仓的 R 方向（图 5-12）的测点数据并进行分析，第四批测点数据分析，第五批测点数据分析，这五批数据分析完成后，根据频率和阻尼比求其算术平均值，五批测点的振型向量基于参考点归一后作出振型图。

表 6-13　筒壁支承立筒群仓模型模态参数辨识主要参数的设定

计算步骤	(1)	(2)	(3)		(4)				
采样批次	第一批	第二批	第二批 θ	第三批 θ	第一批 R	第二批 R	第三批 R	第四批	第五批
i	40	28	30	38	48	46	50	40	42
r	1	1	1	1	1	1	1	1	1
N	20	20	20	24	30	36	34	30	30
$e_w (<\%)$	2	2	2	2	2	2	2	2	2
$e_\xi (<\%)$	10	10	10	10	10	10	10	10	10
MAC $(>\%)$	90	90	90	90	90	90	90	90	90

　　表 6-13 列出了利用 Updated-DD-SSI 方法计算筒壁支承立筒群仓模型的模态参数时，设定的与 Hankel 矩阵的行数 $2i$ 相关的 i 值，选用的参考点个数 r，由稳定图确定出的系统阶数 N，绘制稳定图时设定的频率容差 e_w、阻尼比容差 e_ξ、模态置信因子 MAC。图 6-21 是上述模态参数计算步骤（1）对应的第一批数据的稳定图，图 6-22 是上述模态参数计算步骤（2）对应的第二批数据的稳定图，图 6-23 是上述模态参数计算步骤（3）对应的第二批和第三批数据的稳定图，图 6-24 是上述模态参数计算步骤（4）对应的第一

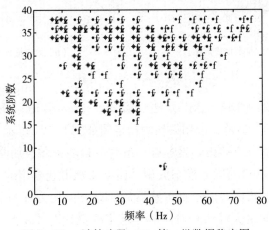

图 6-21　计算步骤（1）第一批数据稳定图

批 R、第二批 R、第三批 R、第四批、第五批数据的稳定图。

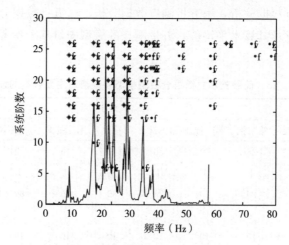

图 6-22　计算步骤（2）第二批数据稳定图

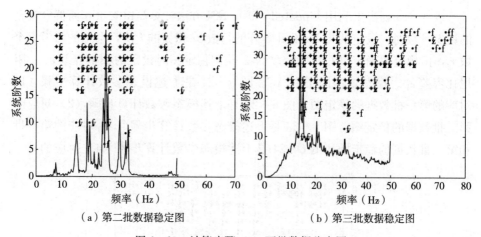

（a）第二批数据稳定图　　　　　　（b）第三批数据稳定图

图 6-23　计算步骤（3）两批数据稳定图

　　利用 Updated-DD-SSI 方法计算第一批环境激励测试数据，按照表 6-13 中设置的参数值，绘制得到的稳定图如图 6-21 所示。从稳定图可以看出"稳定极值线"有多条，其中有一条对应自功率谱叠加曲线的最大峰值，根据 4.3.4 节图 4-9 有限元模态振型，筒壁支承群仓模型的一阶振型为沿短轴方向（Y 向）的弯曲，而本批传感器的测试方向均为 Y 向，因此选取与自功率谱叠加曲线的最大峰值相对应的"稳定极值线"并由此选取系统的阶数 N，从而识别出群仓的频率 $f=14.74\,\mathrm{Hz}$、阻尼比 $\xi=6.19\%$，并列于

表 6 - 14 中。

利用 Updated - DD - SSI 方法计算第二批环境激励测试数据，按照表 6 - 13 中设置的参数值，绘制得到的稳定图如图 6 - 22 所示。从稳定图可以看出"稳定极值线"亦有多条，而且均与自功率谱叠加曲线的较大峰值相对应。根据 4.3.4 节图 4 - 10 有限元模态振型，筒壁支承群仓模型的二阶振型为沿长轴方向（X 向）的弯曲，而本批传感器的测试方向均为 X 向，因此选取与一阶频率相邻的频率处的"稳定极值线"并由此选取系统的阶数 N，从而识别出群仓的频率 $f = 19.01\ \mathrm{Hz}$、阻尼比 $\xi = 2.41\%$，并列于表 6 - 14 中。

环境激励测试中第二批数据中 C5 所在列测点和 C21 所在列测点相同高度处测点的连线经过群仓整体的中心轴线，所以作为计算群仓扭转的一批数据，与第三批测试 θ 方向的数据共同识别群仓的扭转模态。图 6 - 23（a）和 6 - 23（b）分别给出了两批数据的稳定图，两幅稳定图中的"稳定极值线"均有多条，将大于 $f = 19.01\ \mathrm{Hz}$ 的频率处的"稳定极值线"选出，并确定系统的阶数 N，从而识别出群仓的频率、阻尼比。计算结果列于表 6 - 14 中。

上述识别出了群仓的三阶整体模态，以下按照上面的模态参数计算步骤（4）识别群仓的高阶模态。图 6 - 24 给出了计算群仓高阶模态的五批数据的稳定图，结合五个稳定图并选取稳定图中大于上述计算出的频率处的频率对应的"稳定极值线"，并分别确定系统的阶数 N，从而识别出群仓的频率、阻尼比。将五批数据的识别结果求平均后列于表 6 - 14 中。

表 6 - 14 中列出了利用 Updated - DD - SSI 方法识别出的筒壁支承群仓的六阶频率和阻尼比，并将峰值拾取法识别出的三阶频率和阻尼比列于表中，以作

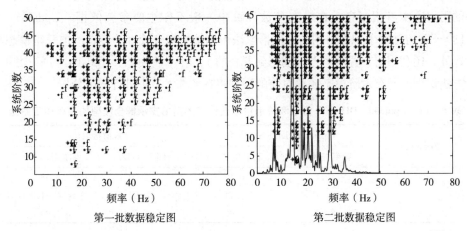

第一批数据稳定图　　　　　　　　第二批数据稳定图

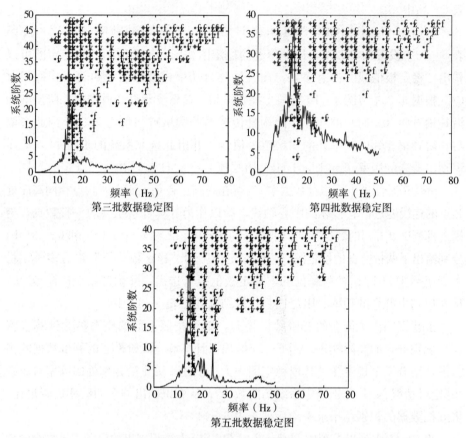

第三批数据稳定图

第四批数据稳定图

第五批数据稳定图

图 6-24   计算步骤（4）五批数据稳定图

对比。两种方法识别出的前三阶频率相差很小，只是阻尼比差别稍大，而结构的阻尼比本身很复杂，在模态参数计算中一般不作主要参考依据。Updated-DD-SSI方法除了识别得到与峰值拾取法识别结果吻合较好的群仓的前三阶模态以外，还利用所布置的测点识别得到群仓的4、5、6阶模态。Updated-DD-SSI方法识别的所有六阶模态频率对应的振型将在6.6.4节中进行详细分析。

表 6-14   Updated-DD-SSI 方法和峰值拾取法计算的筒壁支承群仓模型的频率和阻尼比

模态阶数	Updated-DD-SSI 方法		峰值拾取法	
	频率（Hz）	阻尼比（%）	频率（Hz）	阻尼比（%）
1	14.74	6.19	14.66	3.98
2	19.01	2.41	18.27	0.61
3	32.02	1.60	31.75	1.66

（续）

模态阶数	Updated-DD-SSI方法		峰值拾取法	
	频率（Hz）	阻尼比（%）	频率（Hz）	阻尼比（%）
4	34.94	3.68	—	—
5	39.91	3.28	—	—
6	44.63	2.92	—	—

6.6.4　模态振型识别

6.6.3 节中利用 Updated-DD-SSI 方法识别出了筒壁支承立筒群仓的 6 阶模态频率和阻尼比。在这一节中利用 Updated-DD-SSI 方法识别群仓的实模态振型，并作出振型图。

图 6-25（a）和 6-25（b）分别给出了筒壁支承群仓模型的一阶、二阶振型，对应于表 6-14 中的前两阶频率。从振型图可以看出群仓的一阶模态为

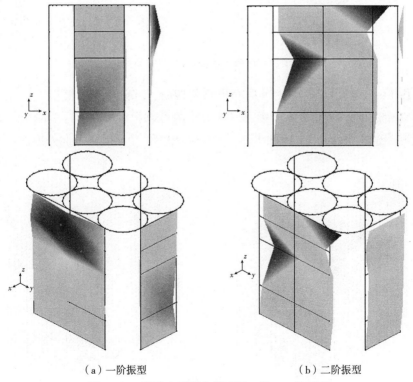

（a）一阶振型　　　　　　　　（b）二阶振型

图 6-25　筒壁支承群仓模型的一阶、二阶振型

沿短轴方向的弯曲，二阶模态为沿长轴方向的弯曲，识别结果与4.3.4节有限元模态分析结果（图4-9、图4-10）相吻合。

图6-26给出了筒壁支承群仓模型的三阶振型，对应于表6-14中的第三阶频率。从振型图可以看出群仓的三阶模态为整体扭转，识别结果与4.3.4节有限元模态分析结果（图4-11）相吻合。

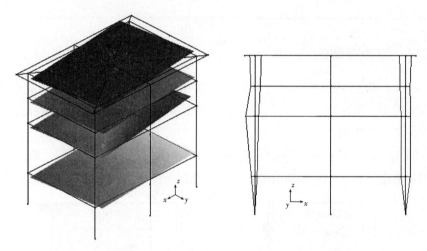

图6-26　筒壁支承群仓模型的三阶振型

图6-27给出了筒壁支承群仓模型的四阶、五阶、六阶振型，对应于表6-14中的四阶、五阶、六阶频率。从振型图可以看出群仓的这三阶模态表现为组成群仓的单仓仓壁的翘曲模态。四阶振型为一个角仓仓壁向外翘曲，一个

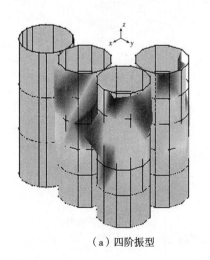
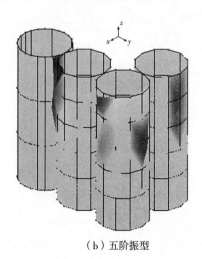

（a）四阶振型　　　　　　　　　　　（b）五阶振型

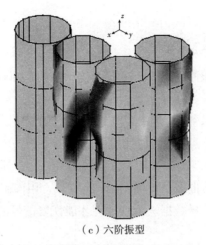

（c）六阶振型

图 6-27 筒壁支承群仓模型的四阶、五阶、六阶振型

角仓仓壁向内翘曲，中间仓仓壁略有向外的翘曲，而且发生翘曲的仓壁部位集
中在上半部；五阶振型为一个角仓和一个中间仓仓壁发生翘曲，另一个角仓翘
曲不明显；六阶振型为两个角仓仓壁有明显的翘曲，一个中间仓仓壁略有翘
曲，六阶振型与四阶振型的区别是，其中一个角仓仓壁的上半部分翘曲集中在
一个部位，一个角仓仓壁翘曲发生的部位在中下部。筒壁支承群仓模型的四
阶、五阶、六阶振型与 4.3.4 节有限元模态分析的群仓翘曲模态（图 4-12、
图 4-13、图 4-14）有一定的相似之处。

6.7 环境激励下煤仓模态参数识别

上述 6.3～6.6 节利用改进的数据驱动随机子空间方法识别了两种支承形
式的单仓模型和两种支承形式的群仓模型。从这一节开始将利用改进的数据驱
动随机子空间方法识别实际工作状态下的立筒仓。本节中识别河南省新密市超
化煤矿的某一煤仓（单仓）的模态参数。

6.7.1 模型介绍

河南省新密市超化煤矿的某一煤仓（单仓）的外观照片参见第四章
图 4-15 和第五章图 5-4 中最右边的一个仓。该煤仓底部为两层框架，一层
的标高为 5.85m，二层的标高为 12.45m，煤仓仓顶板的标高为 34.15m，煤仓

仓顶有仓上建筑物。

6.7.2 信号预处理

由于实验条件的限制，煤仓上能布置传感器的范围有限，按照 5.3.5 节超化煤仓的测试方案设计，在煤仓外围约 76°范围内布置 30 个传感器，研究中配备的传感器共有 30 个，因此可一次测试完所有测点。

图 6-28 给出了测点 C5 的加速度曲线，图 6-28（a）是 C5 的原始加速度信号，（b）图是对 C5 的原始加速度信号采用最小二乘法消除多项式趋势项后得到的处理后的信号曲线。观测图 6-28（a），用肉眼便能观测到信号偏离基线的趋势，因此对采样数据进行预处理才能恢复信号的真实面貌。

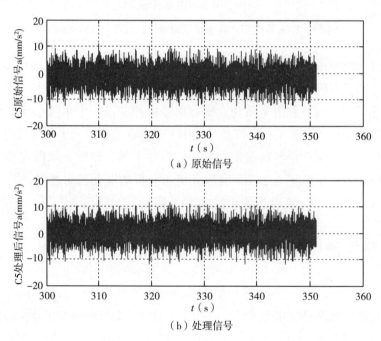

（a）原始信号

（b）处理信号

图 6-28　超化煤仓测点 C5 原始信号消除多项式趋势项

将原始信号进行去除多项式趋势项后，再采用五点三次平滑法消除信号的不规则趋势项并对振动曲线进行平滑处理，图 6-29 给出了对测点 C5 消除多项式趋势项后的加速度曲线进行的五点三次平滑处理。图中"点线"代表平滑前的加速度曲线，"实线"代表五点三次平滑法处理后的信号，这里平滑次数 $m = 2$。对比平滑前后的加速度曲线，可以看出经过平滑后曲线的

幅值明显降低了，平滑次数越多，峰值降低幅度越明显，一般平滑次数取
1～3 次即可。

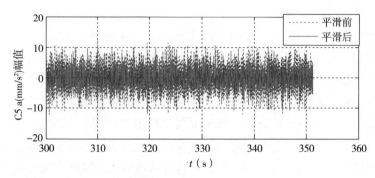

图 6-29 超化煤仓测点 C5 加速度信号平滑处理

超化煤仓所有测点可一批测试完成，但是进行了多次采样，各次采样时的
采样频率 f_s、上限频率 f_{tai} 有所不同，分析频率 f_a 与采样频率 f_s 之间的关系
为 $f_s = 2.56 f_a$，采集得到各测点的加速度信号。表 6-15 中列出了测试过程
中每次采样设定的主要参数。

超化煤仓环境激励测试时截止频率较低，因此对原始信号不再进行数字滤
波处理。在进行模态参数识别之前对所有数据进行最小二乘法消除多项式趋势
项（多项式阶数取 1～2）处理和五点三次平滑法（平滑次数取 1～3）处理。

表 6-15 每次采样主要参数的设定

单位：Hz

批次	采样次数											
	1		2		3		4		5		6	
	f_s	f_{tai}	f_s	f_{tai}	f_s	f_{tai}	f_s	f_{tai}	f_s	f_{tai}	f_s	f_{tai}
第一批	50	30	100	30	100	30	100	30	50	10	20	10

6.7.3 频率和阻尼比识别

选取表 6-15 中采样频率 $f_s = 100\text{Hz}$，截止频率 $f_{tai} = 30\text{Hz}$ 的采样进行煤
仓的模态参数辨识，结果较理想。

利用 Updated-DD-SSI 识别煤仓的模态参数时，设定与 Hankel 矩阵的
行数 $2i$ 有关的 $i = 50$，由于只进行一批测试，任取某一个动力反应较大的测
点作为参考点即可，这里选择测点 C1 作为参考点，由此参考点个数 $r = 1$，

系统阶数的最大值 $N_{max}=r \times i=50$。计算时，系统的阶数 N 有 2、4、6、8、……、50 共 25 个取值。定义绘制稳定图满足的准则：①频率容差 $e_w < 1\%$；②阻尼比容差 $e_\xi < 5\%$；③模态置信因子 $MAC > 99\%$。将满足上述三个准则的对应不同系统阶数 N 的点描绘在图中得到煤仓测试数据的稳定图如图 6-30 所示。

稳定图中除了将满足三个准则的点描绘出以外，还将测试数据的自功率谱叠加曲线描绘出。从图中很清晰地看出自功率谱叠加曲线较大峰值有三个，而且与三条"稳定极值线"相对应，其余几条"稳定极值线"的自功率谱叠加曲线的峰值较小。通过计算分析，选出五条"稳定极值线"，并确定这五条"稳定极值线"上极值点开始时对应的系统阶数，由此识别出煤仓的模态频率和阻尼比。将识别结果列于表 6-16 中，并将峰值拾取法识别结果和有限元方法计算结果列于表中，以作对比。

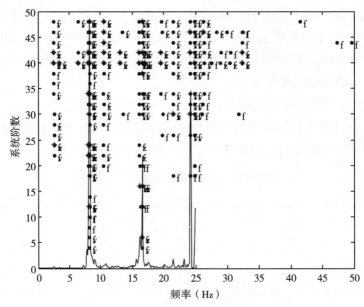

图 6-30　超化煤仓测试数据稳定图

表 6-16　超化煤仓的频率和阻尼比

模态阶数	Updated-DD-SSI 方法		峰值拾取法		有限元方法
	频率（Hz）	阻尼比（%）	频率（Hz）	阻尼比（%）	频率（Hz）
1	2.56	11.14	2.44	4.04	2.55
2	8.20	0.31	8.27	1.50	7.97
3	10.42	4.22	10.56	0.38	9.47

（续）

模态阶数	Updated - DD - SSI 方法		峰值拾取法		有限元方法
	频率（Hz）	阻尼比（%）	频率（Hz）	阻尼比（%）	频率（Hz）
4	16.63	0.29	16.62	0.35	17.37
5	24.17	0.07	24.24	0.29	23.65

分析表 6-16 两种识别方法识别出的煤仓的频率，发现 Updated - DD - SSI 方法识别的各阶频率与传统的峰值拾取法识别的频率非常接近。验证了利用 Updated - DD - SSI 方法识别实际工作状态下的立筒仓单仓的可行性与准确性。Updated - DD - SSI 方法和峰值拾取法识别出的煤仓的一阶阻尼比都较大，尤其是前者识别的一阶阻尼比大于结构的阻尼比的通常取值范围，这一结果有两种可能性：①说明煤仓实际上属于大阻尼结构；②这一阶模态是虚假模态。可以分析此阶频率对应的振型从而判断属于哪一种情况。两种方法识别出的煤仓的其他阶阻尼比都较小，而且基本上呈现高阶模态的阻尼比要比低阶模态的阻尼比小的趋势。

比较表 6-16 中 Updated - DD - SSI 方法识别出的频率和有限元方法计算出的频率发现，两者计算结果非常接近；二阶、三阶、四阶、五阶识别频率与有限元计算频率有一定的误差，主要原因为：利用有限元进行模态计算时，煤仓内的贮料煤炭近似利用离散质点（带质量不带刚度）施加到仓壁的各个节点上，必然对计算结果有一定的影响。

6.7.4　模态振型识别

6.7.3 节利用 Updated - DD - SSI 方法识别出了煤仓的五阶频率和阻尼比，本节中利用 Updated - DD - SSI 方法识别煤仓的实模态振型。图 6-31 给出了对应表 6-16 五阶模态频率的煤仓的振型图。各阶振型图都用三视图表示。煤仓一阶振型为沿某一方向的弯曲；二阶振型由其立面图可以看出沿煤仓高度方向出现了一个波形，由其平面图可以看出有两个波形出现，其中一个小的内凹的波形和一个大的外凸的波形；三阶振型由其立面图可以看出沿煤仓高度方向出现了一个波形，由其平面图可以看出有三个波形出现，其中两个小的内凹的波形和一个大的外凸的波形；四阶振型由其立面图可以看出沿煤仓高度方向出现了一个波形，由其平面图可以看出有两个波形出现，为两个大小差不多的内凹的波形和外凸的波形；五阶振型由其立面图可以看出沿煤仓高度方向出现了两个波形，由其平面图可以看出有三个波形出现，为三个大小差不多的波形，中间为一个内凹的波形，两侧为外凸的波形。

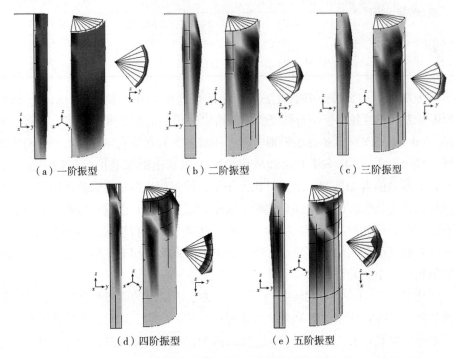

（a）一阶振型　　　　（b）二阶振型　　　　（c）三阶振型

（d）四阶振型　　　　　　（e）五阶振型

图 6-31　超化煤仓的各阶振型图

通过上述分析，并将识别出的模态振型与 4.3.5 节有限元模态分析得到的煤仓振型（图 4-17）进行对比，发现结果吻合较好，推断利用 Updated - DD - SSI 方法识别出的各阶模态振型均为煤仓的真实模态。因此，虽然 6.7.3 节利用 Updated - DD - SSI 方法识别出的频率与有限元计算频率有一定的误差，但是两种方法得到的振型图是一致的。由此利用有限元计算结果进一步验证了 Updated - DD - SSI 方法识别立筒仓结构模态参数的可行性和有效性。

6.8　环境激励下东郊粮库筒壁支承立筒群仓的模态参数识别

6.8.1　模型介绍

河南省郑州市东郊粮库筒壁支承群仓的外观照片参见第五章图 5-5。该群仓由 15 个单仓整体浇筑而成，15 个单仓排成 3 行 5 列，所有单仓筒壁落地，为筒壁支承群仓，每个单仓有一个锥形漏斗，环梁所在位置的标高为

5.5m，群仓仓顶板的标高为 30.5m，群仓仓顶有仓上建筑物，内有工作机械。组成群仓的各单仓内均装满小麦，星仓内没有装粮。

6.8.2　信号预处理

东郊粮库立筒群仓模型的所有测点分五批进行环境激励测试，五批数据通过四个共用参考点 C11（Y−）、C11（X＋）、C12（Y−）、C12（X＋）相联系。每批测试中都进行了多次采样，各次采样时的采样频率 f_s、上限频率 f_{uu} 有所不同，分析频率 f_a 与采样频率 f_s 之间的关系为 $f_s = 2.56 f_a$，采集得到各测点的加速度信号。表 6-17 中列出了每批测试过程中每次采样设定的主要参数。

表 6-17　东郊粮库群仓每批测试每次采样主要参数的设定

单位：Hz

批次	采样次数											
	1		2		3		4		5		6	
	f_s	f_{uu}	f_s	f_{uu}	f_s	f_{uu}	f_s	f_{uu}	f_s	f_{uu}	f_s	f_{uu}
第一批	100	30	100	30	50	30	—		—		—	
第二批	100	30	100	30	50	30	20	10	—		—	
第三批	100	30	100	30	100	30	50	30	100	30	100	30
第四批	100	30	100	30	100	30	50	30	—		—	
第五批	100	30	100	30	100	30	50	30	50	30	—	

在进行东郊粮库群仓模型的模态参数识别之前，需要从每批测试中选择曲线较好的一次或几次的采样数据进行分析，并对选出的加速度曲线进行预处理。进行自功率谱分析，确定每次采样结果的大致频率范围，通过数字滤波滤除不感兴趣的频率；利用 6.2 节消除多项式趋势项和不规则趋势项、振动曲线平滑的方法去除高频干扰信号和平滑曲线。图 6-32 给出了第三批测试中第一次采样的参考点 C11 某一时段的加速度曲线。图 6-32（a）为原始加速度曲线，图 6-32（b）为进行最小二乘法消除多项式趋势项和五点三次平滑及数字滤波处理后的加速度曲线。比较图 6-32（a）和图 6-32（b），可以看出经过处理的加速度曲线的幅值较原曲线幅值降低了，曲线变得更加光滑。从原始加速度曲线图 6-32（a）并不能用肉眼直观的观测出信号偏离基线的趋势，说明所测试的原始信号是较好的。其他测点的信号同样需要进行预处理后，再进行东郊粮库群仓模型的模态参数辨识。

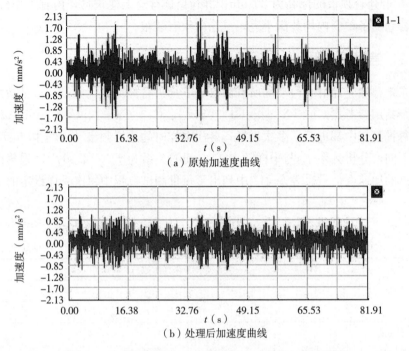

（a）原始加速度曲线

（b）处理后加速度曲线

图 6-32 第三批第一次采样参考点 C11 的加速度曲线

表 6-18 东郊粮库立筒群仓模型的数据预处理

批次	采样次数	采样频率	消除趋势项方式	平滑方式平滑次数 m	数字滤波方式	数字滤波上限频率（Hz）
第一批	2	100	最小二乘法、五点三次平滑法	五点三次平滑 $m=3$	低通窗函数法	30
第二批	1	100	最小二乘法、五点三次平滑法	五点三次平滑 $m=3$	低通窗函数法	30
第三批	1	100	最小二乘法、五点三次平滑法	五点三次平滑 $m=3$	低通窗函数法	30
第四批	2	100	最小二乘法、五点三次平滑法	五点三次平滑 $m=3$	低通窗函数法	30
第五批	1	100	最小二乘法、五点三次平滑法	五点三次平滑 $m=3$	低通窗函数法	30

表 6-18 列出了进行模态参数计算的某些采样批次的数据处理情况。从表中可以看出，对所有测试数据采用的是低通滤波，即保留 0～30Hz 频率范围内的信号，0～30Hz 频率范围外的信号经过滤波器后被滤除，实际上，低通滤波相当于设置下限频率为 0Hz 的带通滤波。结构的一阶频率较低时往往采用低通滤波，这里群仓的一阶频率只有 2Hz 左右。采用最小二乘法消除测试数据的多项式趋势项时，多项式的阶数一般取 1～3 即可。采用五点三次平滑法处理测试数据，平滑次数一般取 1～3。

6.8.3 频率和阻尼比识别

东郊粮库五批测点处传感器的安装方向为组成群仓的各单仓的外法线方向或外法线的切线方向（图 5-18、表 5-10 至表 5-12）。

表 6-19 东郊粮库立筒群仓模型模态参数辨识主要参数的设定

计算步骤	(1) R 向所有数据					(2) θ 向所有数据				
采样批次	1	2	3	4	5	1	2	3	4	5
i	14	18	40	20	22	30	32	28	—	30
r	2	2	1	2	2	1	1	1	—	1
N	20	28	26	34	24	22	22	16	—	20
e_w (<%)	2	1.5	3	2	2	2	1.5	3	—	2
e_ξ (<%)	10	10	10	10	10	10	10	10	—	10
MAC (>%)	90	90	90	80	80	90	90	90	—	80

对东郊粮库立筒群仓模型的五批测试数据按如下步骤进行模态参数计算：

（1）将五批测试组成群仓的单仓的外法线方向（R 向）的测点数据分批独立进行分析后，频率和阻尼比取五批数据计算结果的算术平均值，由五批数据识别出的振型基于参考点归一后作出振型图；

（2）将五批测试组成群仓的单仓外法线的切线方向（θ 向）的测点数据分批独立进行分析后，频率和阻尼比取五批数据计算结果的算术平均值，由五批数据识别出的振型基于参考点归一后作出振型图。

表 6-19 列出了利用 Updated-DD-SSI 方法计算东郊粮库立筒群仓模型的模态参数时，设定的与 Hankel 矩阵的行数 $2i$ 相关的 i 值，每批数据计算时选用的参考点个数 r，由稳定图确定出的系统阶数 N，绘制稳定图时设定的频率容差 e_w、阻尼比容差 e_ξ、模态置信因子 MAC。

图 6-33 是上述模态参数计算步骤（1）中的第一批、第二批、第三批、第四批、第五批数据的稳定图。稳定图中同时绘制出测点的自功率谱叠加曲线。观测上述五副图，测点的自功率谱叠加曲线的峰值较杂乱，只有少数频率对应的峰值较容易拾取，其他频率处的峰值难以拾取。但是每幅图中都非常清楚地描绘了多条"稳定极值线"，因此用稳定图确定系统阶数 N 并利用 Updated-DD-SSI 方法求解群仓的模态参数显得非常有优势。群仓在实际工作状态下，由于周边复杂环境的干扰，群仓内持续运转的机械干扰等，使得测试环境与在校园内平稳放置的模型的测试环境有很大区别，因此要对复杂环境下的测试数据进行分析识别结构的模态参数，需要识别方法有较强的抗干扰性、有较高的信噪比。而 Updated-DD-SSI 方法在计算过程中采用了奇异值分解技术和 QR 分解技术，使得该方法识别结构的模态参数时能最大可能地避免噪声的干扰。

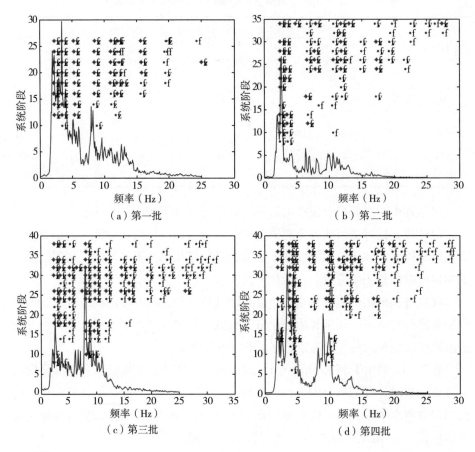

（a）第一批　　　　　　　　　　（b）第二批

（c）第三批　　　　　　　　　　（d）第四批

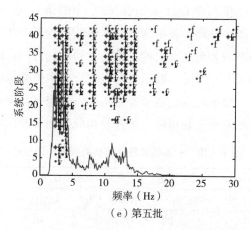

（e）第五批

图 6 - 33　东郊粮库群仓计算步骤（1）五批测试数据稳定图

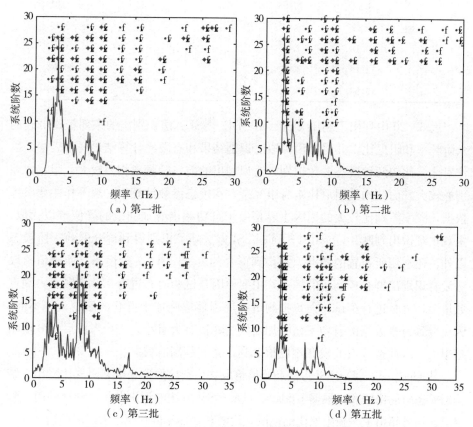

（a）第一批　　　　　　　　　　（b）第二批

（c）第三批　　　　　　　　　　（d）第五批

图 6 - 34　东郊粮库群仓计算步骤（2）四批测试数据稳定图

图 6 - 34 是上述模态参数计算步骤（2）中的第一批、第二批、第三批、第五批数据的稳定图。在环境激励测试时，第四批数据中除了参考点以外，其他测点处传感器的方向为组成群仓的各单仓的外法线方向，因此计算扭转模态时不用考虑。观测图 6 - 34 的四幅图，测点的自功率谱叠加曲线的峰值非常密集，也难以辨别哪个峰值对应的频率是结构的真实模态。而计算每批数据绘制的稳定图中"稳定极值线"很清晰，很容易由此判断系统的阶数 N。

表 6 - 20　东郊粮库群仓模型的频率和阻尼比

模态阶数	Updated - DD - SSI 方法		峰值拾取法		有限元方法
	频率（Hz）	阻尼比（%）	频率（Hz）	阻尼比（%）	频率（Hz）
1	2.28	14.02	1.99	10.03	3.95
2	3.45	12.45	2.67	5.42	4.76
3	6.37	10.05	3.91	5.82	5.31
4	8.26	6.47	—	—	8.16
5	10.18	7.28	—	—	10.02
6	12.14	4.62	—	—	11.93
7	16.57	5.82			16.38

表 6 - 20 中列出了利用 Updated - DD - SSI 方法识别出的东郊粮库群仓的六阶频率和阻尼比，并将峰值拾取法识别结果和有限元计算结果列于表中，以作对比。比较两种模态参数识别方法识别出的前三阶频率相差较大，阻尼比差别亦较大，而结构的阻尼比本身很复杂，在模态参数计算中一般不作主要参考依据，频率差别比较大的原因主要是由于自功率谱叠加曲线的峰值难以拾取，主观很难做出判断。Updated - DD - SSI 方法除了识别得到群仓的前三阶模态以外，还利用所布置的测点识别得到群仓的 4、5、6、7 阶模态，而峰值拾取法没有识别出群仓较高阶的模态，主要原因是试验时布置有 120 个测点，测点数量多，分批进行测试，而每批测试时周围环境施加于群仓的激励大小不同，因此导致每批数据的自功率谱叠加曲线的峰值有大有小，综合考虑后，峰值相差很大，因此造成有些模态难以拾取到，尤其是高阶模态。

从 Updated - DD - SSI 方法和峰值拾取法识别出的群仓模态阻尼比看出，结构的模态阻尼比较大，根据 Updated - DD - SSI 方法的识别结果，群仓的前三阶阻尼比均已超出了一般阻尼比的范围，说明东郊粮库群仓属于大阻尼结构。

比较表 6 - 20 中，Updated - DD - SSI 方法识别的群仓频率和有限元方法计算频率，一阶、二阶、三阶频率，两种方法计算结果误差稍大；四阶、五阶、六阶、七阶频率，两种方法计算结果吻合较好，误差较小。一方面说明了 Updated - DD - SSI 方法识别立筒群仓模态参数的可行性和有效性；另一方面说明利用带质量不带刚度的质点近似模拟群仓内的贮料，对模态计算结果有一定的影响，而且对前几阶模态频率的数值影响较大。在以下 6.8.4 节中将分析对应表 6 - 20 中各阶频率的群仓模态振型，并通过对比 Updated - DD - SSI 方法和有限元方法的模态振型结果，进一步研究 Updated - DD - SSI 方法在立筒群仓模态参数识别中的应用。

6.8.4　模态振型识别

6.8.3 节利用 Updated - DD - SSI 方法识别出了东郊粮库群仓的七阶频率和阻尼比，本节中利用 Updated - DD - SSI 方法识别结构的实模态振型。图 6 - 35、图 6 - 36 分别给出了对应表 6 - 20 一阶、二阶模态频率的东郊粮库群仓振型图。振型图用一个三维图和一个立面图表示。根据 4.3.6 节有限元模态分析结果 [图 4 - 19 (b)、图 4 - 20 (b)]，群仓的一阶、二阶模态分别为沿短轴方向、长轴方向的弯曲，而环境激励实验测试，各测点的测试方向为组成群仓的各单仓的外法线方向，因此为了更清楚真实地绘制出群仓的一阶、二阶振型，绘制一阶振型时只利用了单仓上与 Y 向相重合的 R 方向的测点振型数据，绘制二阶振型时只利用了单仓上与 X 向相重合的 R 方向的测点振型数据。从振型图可以看出识别出的群仓一阶、二阶振型分别为沿短轴方向、长轴方向的弯曲，与有限元模态分析结果 [图 4 - 19 (b)、图 4 - 20 (b)] 吻合。

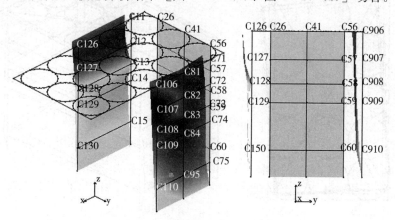

图 6 - 35　东郊粮库群仓一阶振型

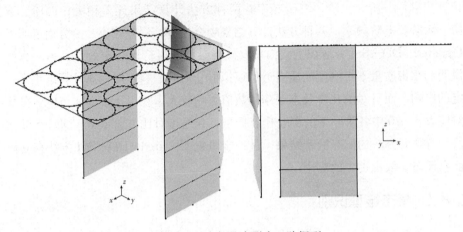

图 6-36　东郊粮库群仓二阶振型

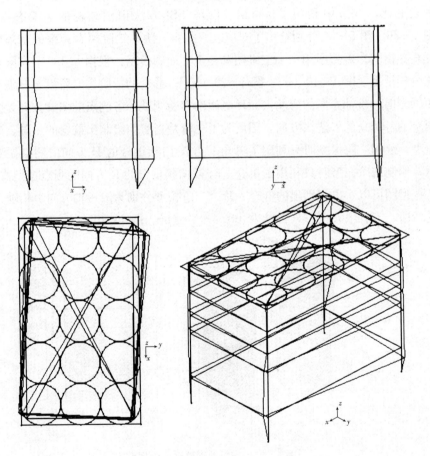

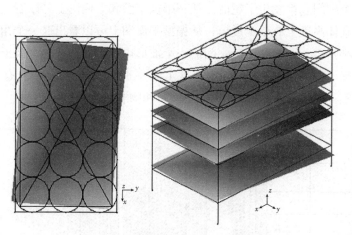

图 6-37　东郊粮库群仓三阶振型

根据 4.3.6 节有限元模态分析结果 [图 4-21（b）]，群仓的三阶模态为整体扭转，因此为了获取群仓的扭转模态在四个角仓上布置了四列传感器。图 6-37 给出了由这四列测点的测试数据识别出的群仓三阶振型，为群仓整体绕中性轴的顺时针扭转。与有限元模态分析结果相吻合。

图 6-38 给出了利用 Updated-DD-SSI 方法识别得到的东郊粮库群仓四阶振型，可以看出，群仓的四阶振型主要为某一角仓的仓壁翘曲，布置有测点的另一个角仓和中间仓的翘曲不明显。从三维振型图和立面图上可以看出沿角仓高度方向有一个波形，从振型平面图上可以看出角仓平面上出现了两个大小差不多的波形，一个为内凹的波形，一个为外凸的波形。群仓的这一振型结果说明：实际工作状态下，群仓的前三阶整体模态之后，即出现组成群仓的单仓的局部模态，而且首先出现在角仓上，且表现为仓壁的翘曲，翘曲部位集中在仓体中部。与 4.3.6 节有限元模态分析结果（图 4-22）相吻合。

图 6-39 给出了利用 Updated-DD-SSI 方法识别得到的东郊粮库群仓五阶振型，可以看出，群仓的五阶振型主要为布置有测点的两个角仓和两个中间仓的仓壁翘曲，其中两个角仓在沿仓体高度方向上出现了两个较小的波形，由振型平面图可以看出平面上亦有两个波形出现。由振型立面图可以看出，最中间的仓在中间部位发生了翘曲，在平面上有一个波形出现。次中间仓仓壁靠近仓顶部位有轻微翘曲。与 4.3.6 节有限元模态分析结果（图 4-23）相吻合。

图 6-40 给出了利用 Updated-DD-SSI 方法识别得到的东郊粮库群仓六阶振型，可以看出，群仓的六阶振型表现为：布置有测点的两个角仓和长轴方

向上的两个中间仓都发生了翘曲。从三维振型图和立面图上可以看出其中一个角仓在沿仓体高度上有一个波形，从振型平面图上可以看出这一个角仓的平面有三个大小基本一致的波形，中间的一个波形内凹，两边的两个波形外凸，其余三个仓壁有翘曲的仓在沿仓体高度上和平面上出现的波形只有一个。与4.3.6节有限元模态分析结果（图4-24）相吻合。

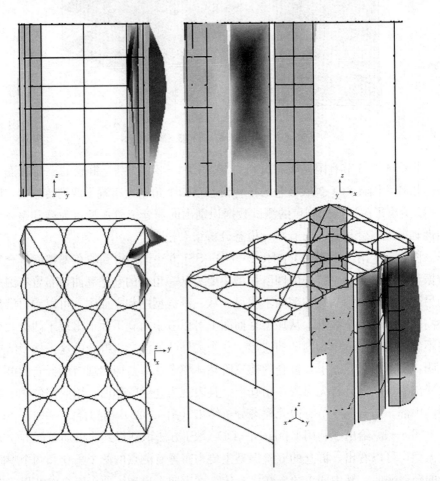

图 6-38 东郊粮库群仓四阶振型

图 6-41 给出了利用 Updated-DD-SSI 方法识别得到的东郊粮库群仓七阶振型，可以看出，群仓的七阶振型主要表现为一个角仓的翘曲和长轴方向中间仓的翘曲。从三维振型图上可以看出，角仓在沿仓体高度上出现了上下两个大小基本一致的波形，分别为外凸的波形和内凹的波形，从振型平面图上可以

看出，平面上有三个波形，呈现为仓的上半部分为三个外凸的波形，仓的下半部分为一个中间内凹的波形和两个边上外凸的波形。与 4.3.6 节有限元模态分析结果（图 4 - 25）相吻合。

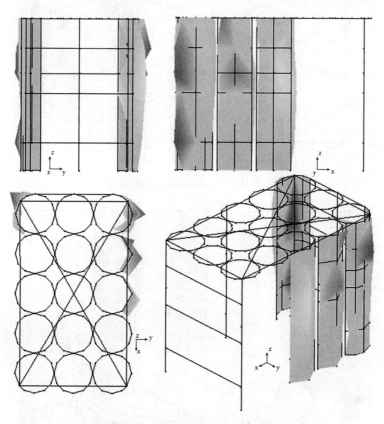

图 6 - 39　东郊粮库群仓五阶振型

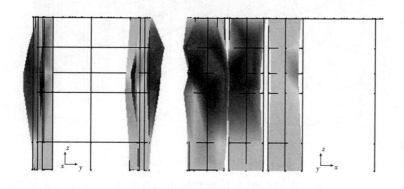

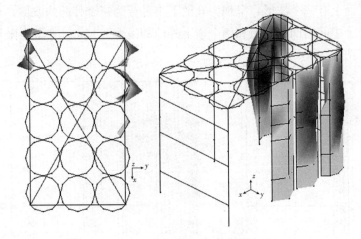

图 6-40 东郊粮库群仓六阶振型

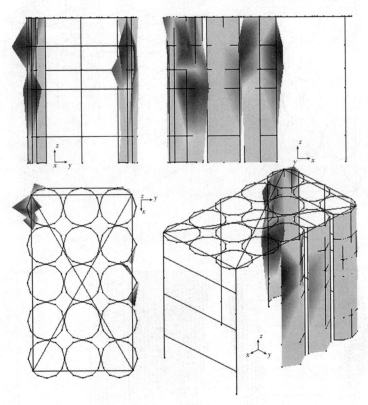

图 6-41 东郊粮库群仓七阶振型

通过上述对东郊粮库群仓模态频率和模态振型的 Updated-DD-SSI 方法

识别结果和有限元计算结果的对比分析，进一步验证了 Updated‐DD‐SSI 方法在识别立筒群仓模态参数中的可行性和有效性。

6.9　本章小结

本章主要进行了以下两方面的工作：

（1）对第五章进行的六个环境激励试验项目的测试信号进行了预处理，恢复了信号的真实面貌。

（2）对六个试验项目预处理后的测试数据进行了模态参数辨识。利用 Updated‐DD‐SSI 方法识别出了结构的频率、阻尼比和实模态振型，并作出了结构的各阶振型图。此外，利用峰值拾取法和有限元方法得到了这六个试验项目的模态参数。通过比较分析六个试验项目的模态参数，得出了以下结论：①改进的数据驱动随机子空间方法识别单仓的模态参数和群仓的模态参数结果都很好，传统的峰值拾取法识别单仓的模态参数结果较理想，而难以识别得到群仓的高阶模态，尤其是实际工作状态下群仓的高阶模态。②结构上布置测点数目较多的时候，由于传感器数量有限需要分批测试，而分批测试对改进的数据驱动随机子空间方法和峰值拾取法识别的模态参数精度都有影响，但是对于峰值拾取法，分批很可能是导致其无法识别高阶模态的主要原因。③利用改进的数据驱动随机子空间方法识别得到超化煤仓和东郊粮库群仓的频率、阻尼比、振型，并将识别出的频率和振型与第四章有限元计算出的频率和振型进行了对比分析，验证了改进的数据驱动随机子空间方法识别立筒仓模态参数的可行性和有效性。④单仓的模态因支承方式的不同而不同，柱支承单仓由于支承体系的柔度较大，在模态的第三阶呈现为仓的扭转，而筒壁支承单仓由于支承体系的刚度较大，扭转模态没有出现。⑤群仓模型的模态因支承方式的不同而不同，柱支承群仓模型由于支承体系的柔度较大，识别得到了几种类型的扭转模态，筒壁支承群仓模型的支承体系刚度较大，扭转模态主要以一种方式呈现。⑥单仓的模态主要呈现为仓壁的弯曲、翘曲；而群仓的模态呈现为：前三阶为群仓整体的模态，高阶模态为组成群仓的各单仓仓壁的翘曲模态，而且角仓的翘曲模态出现的比中间仓的翘曲模态早。⑦不论是单仓还是群仓，仓壁的翘曲模态都表现为，模态阶数越高，振型的平面图形上出现的波形数和沿仓体高度上出现的波形数也越多。这一现象在实际工作状态下的仓上表现最为明显。如本章中的超化煤仓单仓和东郊粮库群仓的模态。

第七章 立筒群仓振动响应分析

7.1 引言

通过前述研究得到的立筒仓动力特性参数是进行结构合理抗震设计的核心和根本。为了实现粮食群仓的抗震优化设计，对前述河南省郑州市东郊粮库立筒群仓的动力特性参数进行深入分析，主要分析立筒群仓中所处不同位置的角仓和边仓的不同振动反应特点，明确环境激励下角仓和边仓各自的振动反应特点，指出进行群仓抗震结构设计时应考虑仓体所处位置不同所分配地震力的不同，以期优化结构设计，降低工程成本。

7.2 角仓和边仓振动反应特性

根据前述图 4 - 19 至图 4 - 21 所示粮食群仓整体振型数值云图可以看出，当仓体内储粮对称时，振型具有轴对称或中心特性。为了深入分析不同位置仓体振动反应的差异性，对如图 7 - 1 中 11 号角仓和 12 号边仓进行细化分析。

利用前述提出的改进的数据驱动随机子空间方法识别得到粮食群仓振型，将 11 号角仓上测点 C71～C75 和 12 号边仓上测点 C91～C95 的 R 向前三阶振型立面绘制于图 7 - 2 中。11 号角仓和 12 号边仓不同高度处的测点第四阶振型平面图和立面图分别绘制于图 7 - 3 和图 7 - 4 中。

观察图 7 - 2（a）第 1 阶振型，为沿着 Y 轴方向即粮食群仓整体的短轴方向的振动反应，11 号角仓和 12 号边仓的振型模拟值基本一样，它们的振型试验值也基本一样，两者的模拟值均大于试验值。当产生向粮食群仓整体短轴方向的振动反应时，角仓和边仓所处位置不同，但受相邻仓体的约束程度相差不大，因此振型幅值差异不大。

观察图 7 - 2（b）第 2 阶振型，为沿着 X 轴方向即粮食群仓整体的长轴方向的振动反应，11 号角仓试验值和模拟值曲线吻合良好，曲线的变化形态近似剪切型，从仓体下部到仓体上部振型幅值由小变大；12 号边仓试验值和模

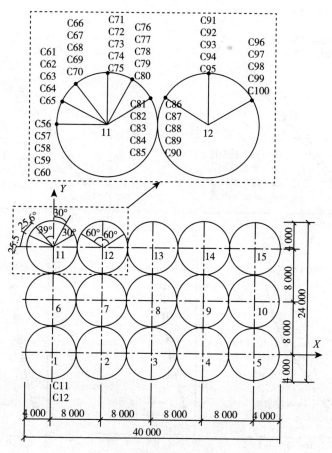

图 7-1 粮食群仓平面图

拟值曲线吻合良好，曲线的变化形态亦近似剪切型，与角仓一致，但边仓振型幅值略小于角仓，靠近仓体顶部振型幅值较仓体下部减小更多。主要是由于两者在粮食群仓整体中的位置不同引起，边仓与其周边三个仓体有相互约束作用，角仓处于粮食群仓的角部，受相邻仓体的约束程度明显低于边仓。

观察图 7-2（c）第 3 阶振型，11 号角仓上测点 C60～C56 沿着切向（Y向）振型幅值明显大于该角仓上测点 C75～C71 和 12 号边仓上测点 C95～C91 沿着切向（X 向）的振型幅值，主要是由于测点 C60～C56 位于粮食群仓整体短轴方向，振动反应更明显，而测点 C75～C71 和测点 C95～C91 位于粮食群仓整体长轴方向，振动反应相对短轴方向弱。总体描述这三列测点的振动反应呈现扭转形态，与第四章图 4-19（b）～图 4-21（b）所示的粮食群仓整体的扭转振型相一致。

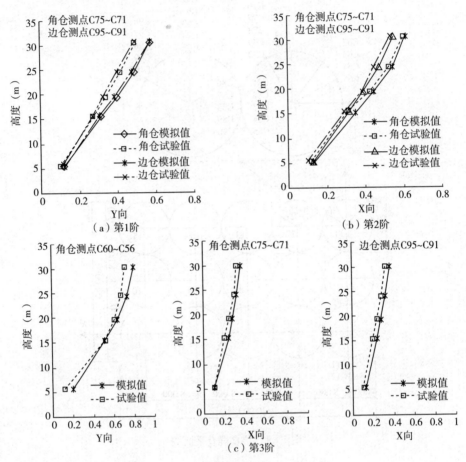

图 7-2　角仓和边仓前三阶振型立面图

图 7-3 给出了 11 号角仓上距地面高度分别为 5.5m、15.5m、19.5m、24.5m 和 30.5m 处的测点第 4 阶振型平面图。分析各图可知，11 号角仓各高度处测点振型试验值与模拟值吻合较好，振动反应形态一致；高度为 5.5m 处各测点 R 向振型幅值差异不大，高度为 15.5m、19.5m 和 24.5m 处角仓外部两个测点向着 R+方向振动，靠近边仓方向的四个测点向着 R-方向振动，靠近 12 号边仓的测点振型幅值较其他位置小，高度为 30.5m 处测点振动反应形态与仓体中部三环测点相似，但是振型幅值较小，主要是由于粮食群仓顶部有仓上建筑，对仓顶部影响较其他位置大。

图 7-4 给出了 12 号边仓上距地面高度分别为 5.5m、15.5m、19.5m、

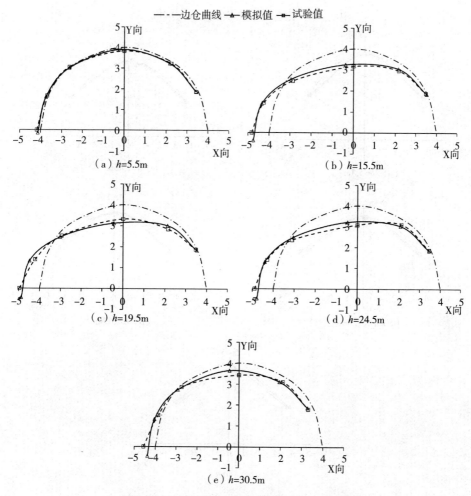

图 7-3　角仓不同高度测点第四阶振型平面图

24.5m 和 30.5m 处的测点第 4 阶振型平面图。分析各图可知，12 号边仓各高度处测点振型试验值与模拟值吻合较好，振动反应形态一致，各高度处测点振型幅值差异较小。对比图 7-4 和图 7-3 发现边仓振型平面与角仓振型平面不同，边仓振型平面大致呈现为中间测点和两侧测点振型相反的趋势，进一步说明了仓体所处位置不同，则振动反应会有所不同的特点。

图 7-5 为 11 号角仓和 12 号边仓每列测点第 4 阶振型立面图。角仓立面振型和边仓立面振型形态不同，各列测点振型试验值和模拟值吻合较好。分析图 7-5（a），靠近角仓外部的四列测点的振型形态以弯剪型为主，仓体中部

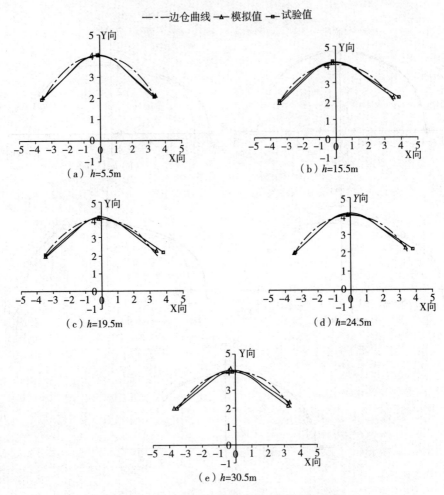

图 7-4　边仓不同高度测点第四阶振型平面图

振型幅值大、上部次之、下部最小；靠近边仓的两列测点的振型幅值相对较小，而且离边仓最近的那一列测点的振型幅值最小，振型以弯曲型为主，另一列测点振型以剪切型为主；靠近角仓外部的两列测点振动反应沿着 R＋方向，另四列测点振动反应沿着 R－方向。分析图 7-5（b），边仓各列测点振型幅值相对较小，中间列测点振型形态以剪切型为主，另两列测点振型形态以弯剪型为主；各列测点的振型幅值也大致呈现为中部幅值大、上部次之、下部最小的规律；靠近角仓的那一列测点的幅值相对更小。角仓和边仓的第四阶振型立面图更进一步说明了角仓和边仓在粮食群仓中的位置不同引起了不同的相互约束作用，从而对各仓体振动反应产生不同影响。

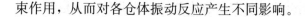

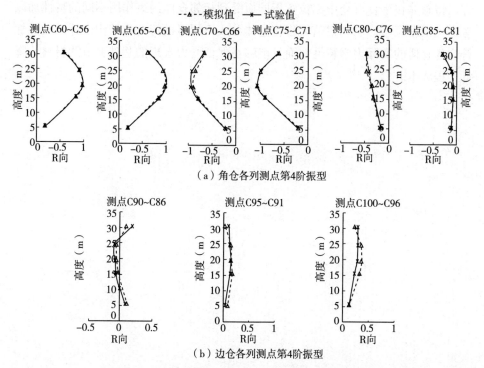

图 7-5　角仓和边仓不同高度测点第四阶振型立面图

7.3　本章小结

　　本章通过对比粮食群仓的有限元数值模拟和试验得到的振型曲线，深入分析了角仓和边仓振动反应的不同特点，研究得到了以下结论：

　　对粮食群仓第一排的一个角仓和一个边仓测点振型的试验值和模拟值进行了振动响应分析，振型形状相同；角仓和边仓第一阶振型形态和幅值基本一致，没有明显的差异性，说明此阶振型中仓体之间的相互约束作用不明显；角仓和边仓第二、三阶振型形态一致，但振型幅值不同，说明仓体之间的相互约束作用因仓体所处位置不同而不同；角仓和边仓第四阶振型形态和振型幅值均不同，说明随着振型阶数的增加，仓体所受相邻仓体的约束作用更加明显，而且处于不同位置仓体受约束作用的程度明显不同。

　　根据上述结论，利用不利仓体的内力和振型进行粮食群仓整体抗震结构设计显得保守，并在一定程度上会浪费材料，群仓规模越大此种方法越不尽合理。将仓体在粮食群仓中因位置不同而受到相邻仓体约束作用不同的特性加以考虑，根据振型形态和幅值大小将仓体分成不同组进行抗震结构设计，则更加符合各仓体的实际力学特性，而且能够在保证受力合理的基础上节约材料，降低工程成本。

附　　录

改进的数据驱动随机子空间方法（Updated - DD - SSI）程序

```
％ 清理变量、函数,清除工作窗口显示内容
clear
clc
close all hidden
format long      ％ 设置数据类型
i_1＝52          ％定义与块 H 矩阵的行有关的变量
rnumber＝1        ％输入参考点个数
cnumber＝10       ％输入测点总数
dt＝0.005         ％时间间隔
％读入参考点数据
ks＝1
for k＝37:37
      filename1＝['FirDataC',num2str(k),'. txt'];
      load(filename1)
      fni＝filename1
      fid＝fopen(fni,'r')
      x_a(2 * ks－1:2 * ks,:)＝fscanf(fid,'%f',[2,inf]);
      status＝fclose(fid);
      ks＝ks+1
end
％读入其他测点数据
……
y＝x_a(2:2:2 * cnumber,:);％取出加速度响应
……
％形成块 H 矩阵
```

```
for k=1:i_1
        H((k-1) * rnumber+1:k * rnumber,:)=y(1:rnumber,k:cLmin
        -(2 * i_1-1)+(k-1));
end
……
H=H. /(sqrt(cLmin-2 * i_1+1));
%对块 H 矩阵进行 QR 分解
[Q1,R1]=qr(H',0);
……
%求解投影矩阵 Piref
Piref=R(rnumber * i_1+1:rnumber * i_1+cnumber * i_1,1:rnumber * i_
1) * Q(:,1:rnumber * i_1)';
%投影矩阵 Piref 进行奇异值分解
[U,S,V]=svd(Piref);
……
%计算系统阶数 n 由 nmin 变化到 nmax 计算得到的模态参数
nmin=2
ninc=2
nmax=rnumber * i_1
m=0
fn=0
for n=nmin:ninc:nmax
    U1=U(:,1:n);
    S1=S(1:n,1:n);
    V1=V(1:n,:);
    Oi=U1 * sqrt(S1);
    ……
    A=pinv(Oi2) * RA * IA * pinv(RB) * Oi;
    C=RC * IB * pinv(RB) * Oi;
    [VV,D]=eig(A);
    ……
    F1=abs(log(D_D')). /(2 * pi * dt);
```

```
ZN=sqrt(1./(((imag(log(D_D'))./real(log(D_D'))).^2)+1));
ZHX=C*VV;
[F2,I_a]=sort(F1);
for k=1:n-1
        if F2(k)~=F2(k+1)
          continue
        end
        m=m+1
        b=I_a(k)
        Fq(m)=F1(b)
        Dp(m)=ZN(b)
        Zx(:,m)=ZHX(:,b)
    end
    fn=fn+1
    LF(fn)=length(Fq)
end
......

%写出频率矩阵 W
W=zeros((nmax-nmin)/2+1);
W(1,1:LW(1))=Fq(1:LW(1));
for k=2:(nmax-nmin)/2+1
        W(k,1:LW(k))=Fq(LF(k-1)+1:LF(k));
end

%写出阻尼比矩阵 Z
......

%计算模态置信因子 MAC
MAC=zeros((nmax-nmin)/2+1,max(LW));
for k1=1:LF(fn-1)
for k2=1:(nmax-nmin)/2
    if LW(k2)>=k1
        k3=LF(k2)+k1;
        k4=k3-LW(k2);
```

```
MAC(k2,k1)=((abs(Zx(:,k3)'*Zx(:,k4))).^2)/((Zx(:,k3)'*Zx(:,
k3))*(Zx(:,k4)'*Zx(:,k4)));
        end
    end
end
%绘制稳定图
k=0
for n=nmin:2:nmax
    k=k+1
    N(k)=n
end
for j=1:(nmax-nmin)/2+1
    for i_2=1:(nmax-nmin)/2
        if((abs(W(i_2+1,j)-W(i_2,j))/W(i_2,j))<0.02)&&(W(i_2
+1,j)~=0)&&(W(i_2,j)~=0)
            plot(W(i_2,j),N(i_2),'.');
            text(W(i_2,j),N(i_2),'f','FontSize',14);
            hold on;
        end
        if……
            ……
        end
        if……
            plot(W(i_2,j),N(i_2),'.');
            text(W(i_2,j),N(i_2),'z','FontSize',14);
            hold on;
        end
        if……
            ……
        end
    end
end
```

......

%由稳定图确定系统阶数 n

% 清理变量、函数,清除工作窗口显示内容

```
clear
clc
close all hidden
```

......

%计算对应 n 的系统模态参数

```
n＝14          %系统阶数 n
U1＝U(:,1:n);
S1＝S(1:n,1:n);
V1＝V(1:n,:);
Oi＝U1 * sqrt(S1);
```

......

```
A＝pinv(Oi2) * RA * IA * pinv(RB) * Oi;
C＝RC * IB * pinv(RB) * Oi;
[VV,D]＝eig(A);
```

......

```
F1＝abs(log(D_D')). /(2 * pi * dt);
ZN＝sqrt(1. /(((imag(log(D_D')). /real(log(D_D'))). ^2)＋1));
ZHX＝C * VV;
```

......

%剔除虚假模态

......

%构建特征方程提取实模态振型

```
n1＝length(shape(:,1))
n2＝length(shape(1,:))
sa＝angle(shape)
sm＝abs(shape)
[smo,SI]＝sort(sm)
```

%旋转向量

```
for k2＝1:n2
```

```
    for k1=1:n1
Srot(k1,k2)=sm(k1,k2)*(cos(sa(k1,k2)-sa(SI(n1,k2),k2))+i*s
in(sa(k1,k2)-sa(SI(n1,k2),k2)));
    end
end
```

……

%构建变换矩阵 T_1

```
X_1=real(Sshape)
[T_1,S_1,V_1]=svd(X_1,0)
```

%构建特征方程并求解

```
for k=1:m_1
    Zx_1(:,k)=T_1'*Sshape(:,k)
end
```

……

```
for k=1:2*m_1
    Zx_2(:,k)=D_1(k)*Zx_1(:,k)
    Zx_3(:,k)=-(D_1(k).^2)*Zx_1(:,k)
end
```

……

%获取实模态振型

```
Zx_c=T_1*Zx_b
Zx_d=real(Zx_c)
```

%振型向量基于参考点归一

```
n3=length(Zx_d(:,1))
n4=length(Zx_d(1,:))
for k2=1:n4
    for k1=1:n3
        Zshape(k1,k2)=Zx_d(k1,k2)/Zx_d(1,k2)
    end
end
```

%写出结果文件

```
fno='ClmSiloFirData. txt'
```

```
fid＝fopen(fno,'w');
fprintf(fid,'　　频率(Hz)　阻尼比(％％)\n')
for k＝1:length(SelF)
    fprintf(fid,'%d　%10.4f　%10.4f\n',k,SelF(k),SelDamp(k)*
    100);
end
status＝fclose(fid);
dlmwrite('ClmSiloFirDataShape.txt',SelShp)
……
%绘制振型图
%所有批次数据振型基于参考点归一
……
dlmwrite('ClmShpNorm.txt',NewShpNorm)%写出归一后的振型
%读入归一后的振型
ClmAShp＝dlmread('ClmShpNorm.txt')
%作振型图
……
for k＝1:r_n_Shp
    h＝figure(k)
    [X_0,Y_0,Z_0]＝pol2cart(Tht,Ccl_r(CirNo*(k－1)＋1:k*Cir-
    No,:),Z)
    X_0(:,11)＝X_0(:,1)
    Y_0(:,11)＝Y_0(:,1)
    Z_0(:,11)＝Z_0(:,1)
    [X_Clm,Y_Clm,Z_Clm]＝pol2cart(Tht,C_R(CirNo*(k－1)＋1:k
    *CirNo,:),Z)
    X_Clm(:,11)＝X_Clm(:,1)
    Y_Clm(:,11)＝Y_Clm(:,1)
    Z_Clm(:,11)＝Z_Clm(:,1)
    plot3(X_0,Y_0,Z_0,'go——','LineWidth',2)
    hold on;
    plot3(X_0',Y_0',Z_0','go——','LineWidth',2)
```

```
        hold on;
        surf(X_Clm,Y_Clm,Z_Clm)
        xlabel('X')
        ylabel('Y')
        zlabel('Z')
        grid on;
        saveas(h,['ClmShp',num2str(k)],'fig')
        close
    end
    %结束
```

参 考 文 献

［1］ 姚伯英，侯忠良. 构筑物抗震［M］. 北京：测绘出版社，1990.

［2］ 中华人民共和国国家标准，构筑物抗震设计规范 GB 50191-93 ［S］，1994.

［3］ 中华人民共和国国家标准，工业构筑物抗震鉴定标准 GBJ 117-88 ［S］，1989.

［4］ 王建平，黄义. 我国贮仓结构抗震研究的现状及前瞻［J］. 工业建筑，2005，35（4）：79-81.

［5］ 赵衍刚，江近仁. 筒仓结构的自振特性与地震反应分析［J］. 地震工程与工程振动，1989，（3）：55-64.

［6］ 孙景江，江近仁. 钢筋混凝土柱承式贮仓的地震反应分析［J］. 地震工程与工程振动，1990，10（3）：14-26.

［7］ 马建勋，梅占馨. 筒仓在地震作用下的计算理论［J］. 土木工程学报，1997，30（1）：25-30.

［8］ 徐荣光，胡声松. 圆筒仓的自由振动［J］. 噪声与振动，1999（2）：18-20.

［9］ 刘增荣，黄义. 贮仓结构参数的频域识别［J］. 振动与冲击，2001，20（1）：79-81.

［10］ 黄义，尹冠生. 考虑散粒体与仓壁相互作用时筒仓的动力计算［J］. 空间结构，2002，8（1）：3-9.

［11］ 王命平，孙芳，高立堂，等. 筒承式群仓的地震作用分析及试验研究［J］. 工业建筑，2005，35（10）：29-32.

［12］ 王瑞萍，王命平，迟嵘. 相互作用对筒承式筒仓自振基频的影响［J］. 青岛理工大学学报，2006，27（2）：21-23.

［13］ 滕锴，王命平，耿树江. 筒承式群仓有限元分析及自振基频的简化计算［J］. 特种结构，2006，23（4）：34-36.

［14］ Pablo Vidal，Manuel Guaita，Francisco Ayuga. Analys is of dynamic discharge pressures in cylindrical slender s ilos with a flat bottom or with a hopper：Comparison with Eurocode 1 ［J］. Biosystems Engineering，2005，91（3）：335-348.

［15］ Mohamed T. Abdel - Fattah，Ian D. Moore，Tarek T. Abdel - Fattah. A numerical investigation into thebehavior of ground - supported concrete s ilos filled with saturated solids ［J］. International Journal of Solids and Structures，2006，43：3723-3738.

［16］ M. Molenda1，M. D. Montross，J. Horabik. Performance of earth pressure cell as grain pressure transducer in a model silo [J]. International Agrophysics，2007，21：73 - 79.

[17] Chowdhury Indrajit. Dynamic response of reinforced concrete rectangular Bunkers under earthquake force [J]. Indian Concrete Journal，2009，11 (2)：7 - 18.

[18] M. A. Martı́nez, I. Alfaro, M. Doblare. Simulation of axisymmetric discharging in metallic silos：Analysis of the induced pressure distribution and comparison with different standards [J]. Engineering Structures，2002，24：1561 - 1574.

[19] D. R. Parisi, S. Masson, J. Martinez. Partitioned Distinct element method simulation of granular glow within industrial silos [J]. Journal of Engineering Mechanics，2004：771 - 779.

[20] Riccardo Artoni, Andrea Santomaso, Paolo Canu. Simulation of dense granular flows：Dynamics of wall stress in silos [J]. Chemical Engineering Science，2009，64：4040 - 4050.

[21] Fernando G. Flores, Luis A. Godoy. Forced vibrations of silos leading to buckling [J]. Journal of Sound and Vibration，1999，224 (3)：431 - 454.

[22] Peter Knoedel, Thomas Ummenhofer, Utrieh Sehuiz. On the modelling of different types of imperfections in silo shells [J]. Thin - walled Structure，1995，23：183 - 293.

[23] Emest C. H, John D. N. Experimental determination of effective weight of stored material for use in seismic design of silos [C]. ACI Journal Proceedings，1985，82 (6)：828 - 833.

[24] A Shimamoto, M Kodama, M Yamamura. Vibration tests for scale model of cylindrical coal storing silo [C]. Proceedings of the 8th World Conference on Earthquake Engineering，SanFrancisco，1984.

[25] 施卫星，朱伯龙. 钢筋混凝土圆形筒仓地震反应试验研究 [J]. 特种结构，1994，11 (4)：55 - 58.

[26] 顾培英，陈中一，王五平. 大圆筒码头结构模型振动台试验研究 [J]. 中国港湾建设，2000，6：21 - 24.

[27] Chris Wensrich. Experimental behaviour of quaking in tall silos [J]. Powder Technology，2002，127 (1)：87 - 94.

[28] 马建勋，魏锋，苏清波. 筒仓耗能减震结构体系振动台试验研究 [J]. 西安交通大学学报，2003，37 (11)：1198 - 1201.

[29] Stefan Holler, Konstantin Meskouris, M. ASCE. Granular material silos under dynamic excitation：Numerical simulation and experimental validation [J]. Journal of Structural Engineering. 2006，1573 - 1579.

[30] D. Dooms, G. Degrande, G. DeRoeck etal. Finite element modelling of a silo based on

experimental modal analysis [J]. Engineering Structures. 2006，28：532 - 542.

[31] 张华. 立筒群仓结构模型模拟地震振动台试验研究 [D]. 郑州：河南工业大学，2008.

[32] 郑敏，申凡，陈同纲. 采用互相关复指数法进行工作模态参数识别 [J]. 南京理工大学学报，2002，26 (2)：113 - 116.

[33] 郑敏，申凡，鲍明. 在时域中单独利用响应数据进行模态分析 [J]. 中国机械工程，2003，14 (5)：399 - 401.

[34] Byeong Hwa Kim, Jungwhee Lee, Do Hyung Lee. Extracting modal parameters of high - speed railway bridge using the TDD technique [J]. Mechanical Systems and Signal Process ing. 2010，24：707 - 720.

[35] Johan Paduart, Lieve Lauwers, Jan Swevers etal. Identification of nonlinear systems us ing polynomial nonlinear state space models [J]. Automatic. 2010，46：647 - 656.

[36] C. Rainieri, G. Fabbrocino. Automated output - only dynamic identification of civil engi neering structures [J]. Mechanical Systems and Signal Process ing, 2010, 24：678 - 695.

[37] Filipe Magalhães, A′lvaroCunha, Elsa Caetano etal. Damping estimation using free de cays and ambient vibration tests [J]. Mechanical Systems and Signal Processing. 2010，24：1274 - 1290.

[38] James G H, Game T G. The natural excitation technique (NExT) for modal parameter extraction from ambient operating structure. The International J of Analytical and Ex perimental Modal Analysis, 1995, 10 (4)：260 - 277.

[39] 李金国. 环境振动下工程结构模态识别及损伤检测研究 [D]. 南京：东南大学，2005.

[40] Yuen Ka - Veng, Katafygiotis Lambros S. Bayesian time - domain approach for modal updating using ambient data [J]. Probabilistic Engineering Mechanics, 2001, 16：219 - 231.

[41] 徐士代. 环境激励下工程结构模态参数识别 [D]. 南京：东南大学，2006.

[42] L. H. Yam, T. P. Leung, D. B. Li etal. Use of ambient response measurements to deter mine dynamic characteristics of slender structures [J]. Engineering Structures, 1997, 19 (2)：145 - 150.

[43] Paolo Bonato, Rosario Ceravolo, Alessandro De Stefano. The use of wind excitation in structural identification [J]. Journal of Wind Engineering and Industrial Aerodynam ics, 1998, 74 - 76：709 - 718.

[44] S. S. Ivanovic, M. D. Trifunac, E. I. Novikova etal. Ambient vibration tests of a seven - story reinforced concrete building in Van Nuys, California, damaged by the 1994

Northridge earthquake [J]. Soil Dynamic sand Earthquake Engineering, 2000, 19: 391 - 411.

[45] 杨和振, 李华军, 黄维平. 海洋平台结构环境激励的实验模态分析 [J]. 振动与冲击, 2005, 24 (2): 129 - 135.

[46] 夏江宁, 陈志峰, 宋汉文. 基于动力学环境试验数据的模态参数识别 [J]. 振动与冲击, 2006, 25 (1): 99 - 104.

[47] Dionys ius M. Siringoringo, Yozo Fujino. System identification of suspens ion bridge from ambient vibration response [J]. Engineering Structures, 2008, 30: 462 - 477.

[48] J. M. W. Brownjohn, Filipe Magalhaes, Elsa Caetano etal. Ambient vibration re - testing and operational modal analysis of the Humber Bridge [J]. Engineering Structures, 2010, 32: 2003 - 2018.

[49] 任伟新, 胡卫华, 林友勤. 斜拉索模态试验参数研究 [J]. 实验力学, 2005, 20 (1): 102 - 108.

[50] 何林, 欧进萍. 基于 ARMAX 模型及 MA 参数修正的框架结构动态参数识别 [J]. 振动工程学报, 2002, 15 (1): 47 - 56.

[51] 胡孔国, 陈小兵, 岳清瑞. 随机地震动模拟的时间序列法及其工程应用 [J]. 世界地震工程, 2003, 19 (1): 141 - 153.

[52] Dan - Jiang Yu, Wei - Xin Ren. EMD - based stochastic subspace identification of structures from operational vibration measurements [J]. Engineering Structures, 2005, 27: 1741 - 1751.

[53] 禹丹江, 任伟新. 基于经验模式分解的随机子空间识别方法 [J]. 地震工程与工程振动, 2005, 25 (5): 60 - 65.

[54] X. H. He, X. G. Hua, Z. Q. Chen etal. EMD - based random decrement technique for modal parameter identification of an existing railway bridge [J]. Engineering Structures. 2011: 1 - 9.

[55] Fei Bao, Xinlong Wang, Zhiyong Tao etal. EMD - based extraction of modulated cavitation noise [J]. Mechanical Systems and Signal Processing, 2010, 24: 2124 - 2136.

[56] Chen Li, Xinlong Wang, Zhiyong Tao etal. Extraction of time varying information from noisy signals: An approach based on the empirical mode decomposition [J]. Mechanical Systems and Signal Processing, 2011, 25: 812 - 820.

[57] B. PEETERS, G. DE ROECK. Reference based stochastic subspace identification in civil engineering [J]. Inverse Problems in Engineering, 2000, 8: 47 - 74.

[58] 徐良, 江见鲸, 过静珺. 随机子空间识别在悬索桥实验模态分析中的应用 [J]. 工程力学, 2002, 19 (4): 46 - 50.

[59] Hideyuki Tanaka, Tohru Katayama. Stochastic subspace identification via "LQ decom-

position" [C]. Proceedings of the 42nd IEEE Conference on Decision and Control, Maui, Hawaii USA, 2003: 3467 - 3472.

[60] S. JoeQin. An overview of subspace identification [J]. Computers and Chemical Engineering, 2006, 30: 1502 - 1513.

[61] Jiangling Fan, Zhangyi Zhang, Hongxing Hua. Data processing in subspace identification and modal parameter identification of an arch bridge [J]. Mechanical Systems and Signal Processing, 2007, 21: 1674 - 1689.

[62] Edwin Reynders, Guido De Roeck. Reference - based combined deterministic - stochastic subspace identification for experimental and operational modal analysis [J]. Mechanical Systems and Signal Processing, 2008, 22: 617 - 637.

[63] Daniel N. Miller, Raymond A. de Callafon. Subspace identification from classical realization methods [C]. 15th IFAC Symposium on System Identification, Saint - Malo, France, 2009: 102 - 107.

[64] Virote Boonyapinyo, Tharach Janesupasaeree. Data - driven stochastic subspace identification of flutter derivatives of bridge decks [J]. J. Wind Eng. Aerodyn. 2010, 98: 784 - 799.

[65] 张志谊, 续秀忠, 华宏星, 等. 基于信号时频分解的模态参数识别 [J]. 振动工程学报, 2002, 15 (4): 389 - 394.

[66] 续秀忠, 张志谊, 华宏星, 等. 结构时变模态参数辨识的时频分析方法 [J]. 上海交通大学学报, 2003, 37 (1): 122 - 126.

[67] Guid De Roeck et al. Benchmark study on system identification through ambient vibration measurements [C]. 18th IMAC, 2000, 1106 - 1112.

[68] Rune Brincker et al. Modal identification from ambient responses using frequency domain decomposition [C]. 18th IMAC, 2000, 625 - 630.

[69] Tomas McKelvey. FREQUENCY DOMAIN IDENTIFICATION METHODS [J]. CIRCUITS SYSTEMS SIGNAL PROCESSING. 1): 39 - 45.

[70] 续秀忠, 华宏星, 陈兆能. 基于环境激励的模态参数辨识方法综述 [J]. 振动与冲击, 2002, 21 (3).

[71] Rune Brincker et al. Modal identification from ambient responses using frequency domain decomposition [C], 18th, IMAC, 2000, 625 - 630.

[72] 王济, 胡晓. MATLAB 在振动信号处理中的应用 [M]. 北京: 中国水利水电出版社, 2006.

[73] 刘齐茂. 用随机减量技术及 ITD 法识别工作模态参数 [J]. 广西工学学报, 2002, 13 (4): 23 - 26.

[74] 孟庆丰, 何正嘉. 随机减量技术中周期激励的影响及消除方法 [J]. 振动与冲击,

2003，22（1）：100-102.

[75] 邹良浩，梁枢果，顾明. 高层建筑气动阻尼评估的随机减量技术 [J]. 华中科技大学学报，2003，20（1）：30-33.

[76] 张亚林，胡用生. 运用相关函数辨识轨道车辆轮对模态参数 [J]. 同济大学学报，2003，31（2）：205-208.

[77] S. M. 潘迪特，吴宪民. 时间序列分析及系统分析与应用 [M]. 北京：机械工业出版社，1988.

[78] 杨叔子，吴雅. 时间序列分析的工程应用 [M]. 上册. 武汉：华东理工大学出版社，1991.

[79] 杨叔子，吴雅. 时间序列分析的工程应用 [M]. 下册. 武汉：华东理工大学出版社，1991.

[80] 蔡季冰，系统辨识 [M]. 北京：北京理工大学出版社，1989.

[81] 姚志远. 大型工程结构模态识别的理论和方法研究 [D]. 南京：东南大学，2004.

[82] Peeters B, De Roeck G et al. Stochastic subspacetechniques Applied to parameter identification of civil engineering structures [C]. Proceeding of New Advances in Modal Synthesis of Large Structures: Nonlinear, Damped and Nondeterministic Cases, Lyon, France, 1995：151-162.

[83] Peter Van Overschee, Bart De Moor. Subspace identification for linear systems: Theory-Implementation-Application [M]. Dordrecht, Netherlands: Kluwer Academic Publishers，1996.

[84] De Moor B. Mathematical concepts and techniques for modeling of static and dynamic systems [D]. Katholieke Universiteit Leuven, Belgium，1988.

[85] Ibrahim S R. Efficient random decrement computation for identification of ambient responses. Proceeding of 19th IMAC, Florida, USA，2001.

[86] 曹树谦，张文德，萧龙翔. 振动结构模态分析—理论、实验与应用 [M]. 天津：天津大学出版社，2001.

[87] 杨明，刘先忠. 矩阵论（第二版）[M]. 武汉：华中科技大学出版社，2005.

[88] J. N. Juang. Applied System Identification [M]. Englewood Cliffs, NJ, USA：Prentice Hall，1994.

[89] Baut Peeters, Guido De Roeck. Reference-based Stochastic Subspace Identification for Output-only Modal Analysis [J]. Mechanical Systems and Signal Processing（6）：855-878.

[90] 傅志方，华宏星. 模态分析理论与应用 [M]. 上海：上海交通大学出版社，2000.

[91] CHEN, S Y. Extraction of normal modes from highly coupled incomplete systems with general damping [J]. Mechanical systems and signal processing, 1996, 10（1）：

93 - 106.

[92] M. Imregun，D. J. Ewins. Realisation of complex mode shapes ［C］. Proceedings of the 11th International Modal Analys is Conference，Kiss immee，FL，USA，1993：1303 - 1309.

[93] Ulrich Fuellekrug. Computation of real normal modes from complex eigenvectors ［J］. Mechanical Systems and Signal Processing，2008，22：57 - 65.

[94] J. H. Wilkinson，C. Reinsch. Linear Algebra ［M］. Springer，Berlin，Heidelberg，New York，1971.

[95] 盛宏玉. 结构动力学 ［M］. 合肥：合肥工业大学出版社，2007.

[96] 王新敏. ANSYS 工程结构数值分析 ［M］. 北京：人民交通出版社，2007.

[97] 尹冠生，黄义. 散粒体—贮仓结构—地基的动力特性分析 ［J］. 应用力学学报，2002，19（4）：92 - 97.

[98] 罗英，高立堂. 筒承式单排群仓自振特性的研究 ［J］. 西安科技学院学报，2002，22（3）：277 - 280.

[99] 黄义，尹冠生. 考虑地基—结构—散粒体相互作用时贮仓结构的静、动力研究 ［Ⅱ］——有限元分析 ［J］. 应用力学学报，2003，20（2）：124 - 129.

[100] 王命平，荆超，李玉川，等. 带仓顶室筒承式群仓自振特性的实验研究 ［J］. 青岛理工大学学报，2006，26（6）：1 - 5.

[101] 王命平，李玉川，刘伟. 带仓顶室筒承式筒仓的自振周期及地震作用计算 ［J］. 振动与冲击，2007，26（8）：5 - 8.

图书在版编目（CIP）数据

立筒仓环境激励测试和振动响应分析 / 张大英著
. —北京：中国农业出版社，2022.1
ISBN 978 - 7 - 109 - 29129 - 4

Ⅰ. ①立…　Ⅱ. ①张…　Ⅲ. ①钢筋混凝土－筒仓－建
筑设计　Ⅳ. ①TU249.9

中国版本图书馆 CIP 数据核字（2022）第 018116 号

立筒仓环境激励测试和振动响应分析
LITONGCANG HUANJING JILI CESHI HE ZHENDONG XIANGYING FENXI

中国农业出版社出版
地址：北京市朝阳区麦子店街 18 号楼
邮编：100125
责任编辑：王秀田　　文字编辑：张楚翘
版式设计：王　晨　　责任校对：吴丽婷
印刷：北京中兴印刷有限公司
版次：2022 年 1 月第 1 版
印次：2022 年 1 月北京第 1 次印刷
发行：新华书店北京发行所
开本：700mm×1000mm　1/16
印张：13.75
字数：240 千字
定价：68.00 元